U0364589

# 传承红色基因系列

**主　编**

辛向阳

---

**执行主编**

陈志刚

---

**编委会**

辛向阳　李正华　樊建新　杨明伟

龚　云　林建华　陈志刚　杨凤城　李佑新

# 绿色奇迹
# 塞罕坝

刘　燕◎著

人民日报出版社

北京

**图书在版编目（CIP）数据**

绿色奇迹塞罕坝 / 刘燕著 . -- 北京：人民日报出版社 , 2023.5

ISBN 978-7-5115-7799-3

Ⅰ . ①绿… Ⅱ . ①刘… Ⅲ . ①林业—生态环境建设—研究—承德 Ⅳ . ① S718.5

中国国家版本馆 CIP 数据核字（2023）第 086348 号

书　　名：绿色奇迹塞罕坝
　　　　　LÜSE QIJI SAIHANBA
作　　者：刘　燕

出 版 人：刘华新
策 划 人：欧阳辉
责任编辑：周海燕　孙　祺
封面设计：元泰书装

出版发行：*人民日报*出版社
社　　址：北京金台西路 2 号
邮政编码：100733
发行热线：（010）65369509　65369512　65363531　65363528
邮购热线：（010）65369530　65363527
编辑热线：（010）65369518
网　　址：www.peopledailypress.com
经　　销：新华书店
印　　刷：大厂回族自治县彩虹印刷有限公司
法律顾问：北京科宇律师事务所　（010）83622312

开　　本：710mm×1000mm　1/16
字　　数：180 千字
印　　张：14.5
版　　次：2024 年 1 月第 1 版
印　　次：2024 年 1 月第 1 次印刷

书　　号：ISBN 978-7-5115-7799-3
定　　价：58.00 元

河北塞罕坝林场的建设者们听从党的召唤，在"黄沙遮天日，飞鸟无栖树"的荒漠沙地上艰苦奋斗、甘于奉献，创造了荒原变林海的人间奇迹，用实际行动诠释了绿水青山就是金山银山的理念，铸就了牢记使命、艰苦创业、绿色发展的塞罕坝精神。他们的事迹感人至深，是推进生态文明建设的一个生动范例。

——2017 年 8 月，习近平总书记对河北塞罕坝林场
建设者感人事迹作出重要指示

# ★ 总　序

## 传承红色基因　赓续伟大精神

人无精神则不立，国无精神则不强。习近平总书记在党史学习教育动员大会上指出："在一百年的非凡奋斗历程中，一代又一代中国共产党人顽强拼搏、不懈奋斗，涌现了一大批视死如归的革命烈士、一大批顽强奋斗的英雄人物、一大批忘我奉献的先进模范，形成了井冈山精神、长征精神、遵义会议精神、延安精神、西柏坡精神、红岩精神、抗美援朝精神、'两弹一星'精神、特区精神、抗洪精神、抗震救灾精神、抗疫精神等伟大精神，构筑起了中国共产党人的精神谱系。"①在庆祝中国共产党成立100周年大会上，习近平总书记进一步指出："一百年前，中国共产党的先驱们创建了中国共产党，形成了坚持真理、坚守理想，践行初心、担当使命，不怕牺牲、英勇斗争，对党忠诚、不负人民的伟大建党精神，这是中国共产党的精神之源。"②革命理想高于天。以伟大建党精神为源头的中国共产党人的

---

① 习近平：《在党史学习教育动员大会上的讲话》，《求是》2021年第7期。
② 习近平：《在庆祝中国共产党成立100周年大会上的讲话》，《人民日报》2021年7月2日第2版。

精神谱系，是我们党和国家红色基因的重要组成部分，已经深深融入中华民族的血脉和灵魂，成为鼓舞和激励中国人民不断艰苦奋斗、攻坚克难、从胜利走向胜利的强大精神动力。

中国共产党的党旗是红色的，中华人民共和国的国旗是红色的——红色是中国共产党和中华人民共和国最鲜亮的底色。红色基因是我们党的血脉和灵魂，是我们党的宝贵财富和精神力量。在革命战争年代，中国共产党人随时面临生死考验。第一次国共合作失败后，中华大地被白色恐怖笼罩，革命者血流成河，但是他们没有被血雨腥风吓倒。夏明翰身陷牢狱坚贞不屈，在给妻子的家书中发出"坚持革命继吾志，誓将真理传人寰"的豪迈誓言。1936年，共产党员赵一曼在与日军作战中负伤被俘，面对敌人的严刑拷打，她宁死不屈，从容就义，年仅31岁。在抗美援朝战争中，时任志愿军某部连长的杨根思，坚守阵地，在危急关头，抱起仅有的一包炸药，拉燃导火索，纵身冲向敌群，与敌人同归于尽，生命定格在28岁……

回顾历史，100多年来，我们党始终把为中国人民谋幸福、为中华民族谋复兴作为自己的初心使命，始终坚持共产主义理想和社会主义信念，遭遇无数艰难险阻，经历无数生死考验，付出无数惨烈牺牲，以"为有牺牲多壮志，敢教日月换新天"的大无畏气概，团结带领全国各族人民为争取民族独立、人民解放和实现国家富强、人民幸福而不懈奋斗，书写了中华民族几千年历史上最恢宏的史诗，创造了人类发展史上的伟大奇迹。习近平总书记强调："要深刻认识红色政权来之不易，新中国来之不易，中国特色社会主义来之不易。"

把红色基因传承好，确保红色江山永不变色，是我们的历史责任和光荣使命。党的二十大的主题是："高举中国特色社会主义伟大旗帜，全面贯彻新时代中国特色社会主义思想，弘扬伟大建党精神，自信自强、守正创新，踔厉奋发、勇毅前行，为全面建设社会主义现代化国家、全面推进中华民族伟大复兴而团结奋斗。"党的二十大闭幕后不到一周，习近平总书记带领新当选的二十届中共中央政治局常委瞻仰延安革命纪念地，庄严宣示新一届中央领导集体赓续红色血脉、传承奋斗精神，在新的赶考之路上向历史和人民交出新的优异答卷的坚定信念。新时代新征程，我们要牢记"三个务必"，牢记红色政权是从哪里来的、新中国是怎么建立起来的、新时代伟大变革的成就是如何取得的，坚定道路自信、理论自信、制度自信、文化自信，坚定历史自信，增强历史主动，谱写新时代中国特色社会主义更加绚丽的华章。

"传承红色基因"系列图书，坚持以习近平新时代中国特色社会主义思想为指导，旨在从党的百年伟大奋斗历程中汲取继续前进的智慧和力量，讲好红色故事、传承红色基因、赓续红色血脉，坚定理想信念，为全面建设社会主义现代化国家、全面推进中华民族伟大复兴凝聚强大精神力量。

是为序。

辛向阳

2023年11月29日

# 目　录

## 第二章　牢记使命　不懈追求

# 第三章　艰苦创业　砥砺前行

## 第四章　绿色发展　共生共荣

## 第五章 筑牢思想根基 传承精神伟力

# 第一章

# 书写绿色传奇
# 铸就时代精神

任何时代精神都不可能凭空产生，而是特定历史条件下的产物；任何伟大事业的实现都不可能一蹴而就，必须付出艰苦努力，必须经得起实践的磨砺和检验。同样，塞罕坝精神之所以能够形成，是塞罕坝林场建设者60多年来伟大实践的凝结，既植根于塞罕坝140万亩的土地，也有其特定的历史背景、制度基础和文化渊源。从一棵树到一片"海"，跨越半个多世纪的探索和追求，镌刻几代人艰苦卓绝的奋斗历程；从响应"绿化祖国"的伟大号召到践行"绿水青山就是金山银山"的发展理念，见证中国共产党人的高瞻远瞩和历史担当，展现中华民族的精神特质和整体风貌。

塞罕坝林场的辉煌历史凝结而成塞罕坝精神，塞罕坝精神成就塞罕坝的绿色奇迹。2017年8月，习近平总书记对河北塞罕坝林场建设者感人事迹作出重要指示："全党全社会要坚持绿色发展理念，弘扬塞罕坝精神，持之以恒推进生态文明建设，一代接着一代干，驰而不息，久久为功，努力形成人与自然和谐发展新格局，把我们伟大的祖国建设得更加美丽，为子孙后代留下天更蓝、山更绿、水更清的优美环境。"[1]经过岁月的沉淀和锤炼，塞罕坝精神在中国特色社会主义实践中不断凝练和升华，成为推进各项事业不断前进的一面旗帜。

---

① 《习近平谈治国理政》第二卷，外文出版社2017年版，第397页。

## 一、塞罕坝精神的孕育萌发

社会意识是社会存在的精神方面，是物质世界发展到一定阶段的产物。"技术、经济、社会与政治制度，以及信仰、观念、知识和表述都在不断地与这个自然背景相互作用。在某种程度上，人类系统有其自身的活力，但不论及它们的环境，就不可能自始至终对它们予以充分的理解。"①考察塞罕坝精神的形成过程，必须将其置于具体的历史发展阶段和特定的生产方式之中，并全面把握其产生的特定自然地理状况和社会经济条件。

### （一）从"千里松林"到荒原孤树

塞罕坝为蒙古语"赛堪达巴罕色钦"的省略语，意为"美丽的山岭水源之地"。几百年来，塞罕坝历经"千里松林"退化为荒原孤树，又从荒原孤树再现为百万林海的沧桑巨变，成为理解人类环境变迁的重要样本。

回顾塞罕坝的历史，总结塞罕坝林场的建设经验，理解并弘扬塞罕坝精神，必须全面把握塞罕坝的自然条件和社会环境。从地理环境看，塞罕坝位于河北省承德市围场满族蒙古族自治县境内，地处内蒙古高原与冀北山地的交接处，与浑善达克沙地毗邻。塞罕坝海拔1010—1939.6米②，距北京的直线距离仅有180公里，对平均海拔40多米的北京形成俯瞰之势。塞罕坝的生态状况直接影响着塞罕坝及周

---

① ［英］伊懋可：《大象的退却：一部中国环境史》，梅雪芹、毛利霞、王玉山译，江苏人民出版社 2014 年版，序言，第 5—6 页。
② 参见围场满族蒙古族自治县地方志编纂委员会编：《围场年鉴 2010》，中国统计出版社2014 年版，第 319 页。

围地区人民群众的生产和生活，对京津冀地区的生态安全具有至关重要的意义。从气候状况看，塞罕坝地区位于北纬41°35′—42°40′，东经116°32′—118°14′，处于季风区与非季风区的过渡地带，生态环境比较脆弱。历史上的塞罕坝河流纵横、古木参天、花草葱茏、野生动物资源富集，在辽、金时期被称作"千里松林"。"1683—1820年间，康熙、乾隆、嘉庆帝以行围或避暑为目的的出塞可达百余次，其中前往木兰围场举行秋狝典礼80余次。"[1] 在开围初期，当地气候湿润，俗称"一年七十二场浇淋雨，旱也收来涝也收"；水源丰富、细水弯弯、清澈见底，俗称"清水河一步过"；树木繁盛、万灵萃集，俗称"棒打狍子瓢舀鱼，野鸡飞到饭锅里"。[2]然而，到新中国成立初期，却只剩下"飞鸟无栖树，黄沙遮天日"的景象。究其原因，森林植被遭到严重毁损，改变了局部小气候状况，使得地表蒸发量增大、地表反射率提高、相对湿度降低、平均风速加大，导致干旱、大风、冻害等气象灾害频发，造成土地荒漠化日益加剧。

　　乱砍滥伐造成塞罕坝森林植被大量减少。森林是地球三大主要生态系统之一，在调节气候、涵养水源、保持水土、保护生物多样性方面具有非常重要的作用。据考证，在旧石器时代木兰围场地区就有人类的活动痕迹，一直是北方少数民族的活动场所。不过，农耕活动的规模和范围都非常小，对生态环境的影响并未超过生态系统的承

---

[1]　萧凌波：《清代木兰秋狝与承德避暑活动的兴衰及其气候影响》，《地理学核心问题与主线——中国地理学会 2011 年学术年会暨中国科学院新疆生态与地理研究所建所五十年庆典论文摘要集》，2011 年，第 172 页。

[2]　参见钮仲勋、浦汉昕：《清代狩猎区木兰围场的兴衰和自然资源的保护与破坏》，《自然资源》1983 年第 1 期。

载力。"木兰围场初建时，境内自然环境保持着原始状态，森林覆盖率占70%以上，山地沟谷灌木草甸等植被占25%。"①基于木兰围场的自然条件，康熙年间在此设立了皇家猎苑。清廷将围场视为皇家私产，虽然在木兰秋狝时会大量射杀野生动物，但在平时设置官兵专司稽查、严禁偷猎滥伐，因此在一定程度上保护了木兰围场的自然环境。随着"康乾盛世"的到来，木兰围场的树木开始被大量砍伐以供修建宫殿、园林、陵墓等使用。据记载，仅乾隆三十三年（1768）十一月，在围场北面的莫多图等四围六处，被砍伐的干黄红松木就有120615件②；"乾隆四十一年（1776），朝廷在英图围、巴彦图库木围等处伐木料242357件"③。时至清朝末年，内忧外患不断，国势衰微，清廷更加放任砍伐树木输出木材，特别是民国六年（1917）撤销热河垦务总局改设围场县木植局专司砍伐国有林售卖木材及承办售卖山林迹地事宜。凡大件木料皆由伊逊河或蚁蚂吐河水运或冰运出境，一般木料则就近运往多伦、丰宁一带出售。伴随着林木的大规模砍伐，木炭业、烧锅行业也逐步兴起。民国六年（1917）围场县政府统计，全县有烧锅17家，产白酒78.82万斤；民国十八年（1929）曾向日本输出白酒48万斤④。制作木炭、烧锅需要消耗大量的残林和树根，山上的树根被刨尽，塞罕坝的自然环境面目全非。由于长期乱砍滥伐活动毁损了森林植被，破坏了生态系统的平衡稳定，造成水土流

① 杨振国主编、围场满族蒙古族自治县地方志编纂委员会编纂：《围场满族蒙古族自治县志》，辽海出版社1997年版，第51页。
② 参见中国第一历史档案馆、承德市文物局编：《清宫热河档案2（乾隆三十一年起乾隆三十七年止）》，中国档案出版社2003年版，第116页。
③ 毕宪明：《木兰围场放垦与生态变迁》，《承德日报》2008年7月3日第7版。
④ 参见毕宪明：《木兰围场放垦与生态变迁》，《承德日报》2008年7月3日第7版。

失、泉源枯竭、野兽锐减以及干旱、冰雹、沙暴等自然灾害频发。

　　掠夺式开荒导致塞罕坝地区地力衰竭。农业是对土地、水源、光照等自然资源和生态环境要素依赖非常强的产业，同时其对土地的利用强度和对生态环境的影响也是非常普遍的。在一定经济技术条件下，人口的增长速度和用于生计的表土面积成正相关关系，人口的快速增加必然导致土地压力的加大。"要说前现代中国对栖息地以及森林和土壤的最糟糕的破坏，却实际发生在18—19世纪人口爆炸时期；当时，中国正处于近代的前夜。"①同治年间批准开围放垦之后，移民大规模涌入，大量森林、草原被开垦，使得原有的生态环境发生大幅度改变。1902—1937年，围场人口由36399人增至247995人②，推动土地垦殖率逐步上升。"经清末民初半个世纪步履维艰三起三落，最终使木兰围场这块处女地得以全部开放垦殖，包括原旗地、兵民越垦私垦地，累计开发土地达130.3万亩。"③而且受制于特定的历史条件，人们对土地资源的开发规模和开发方式具有一定局限，并引发了一系列生态问题。为了便于开垦、增加土壤肥分，当时的拓荒者一般是先放火烧荒。在西北风的作用下，经常火烧连营，不仅酿成森林火灾，而且烧毁了很多本应保留的林草资源。起初，比较常用的耕作方式是"捋芽耕"。在准备开荒耕种的山坡，先行将发芽的灌木割下，晒数日后再放火烧光，然后翻地，第一年种莜麦或荞麦；第二至三

---

① ［英］伊懋可：《大象的退却：一部中国环境史》，梅雪芹、毛利霞、王玉山译，江苏人民出版社2014年版，第8—9页。

② 参见韩光辉：《清初以来围场地区人地关系演变过程研究》，《北京大学学报》（哲学社会科学版）1998年第3期。

③ 毕宪明：《木兰围场放垦与生态变迁》，《承德日报》2008年7月3日第7版。

年开成好地，可种土豆、小麦。如果水土流失，不能继续耕种，就撂荒另开新地。一个山头，先从山顶开始种地，山顶的地废弃了再向下开，因此整个山头都逐渐被开成荒山秃岭。①另外，一些地主或富农利用当地林木采伐迹地和草地资源放牧大量牲畜。"据考证，民国十四年（1925）全县共3万余户，牧养大家畜52087头（匹／只），其中牛35456头、骡马8558匹、驴8073头、羊12500余只，凡经牲畜采食特别反复践踏危害的林木采伐迹地，幼树萌芽能力显著减弱，甚至丧失更新能力。"②这些开发模式无异于杀鸡取卵，从根本上损害了塞罕坝地区的生态功能。土壤红利很快消失，天然植被严重受损，野生动物物种迅速减少，塞罕坝的生态环境严重恶化。

侵略战争加速了塞罕坝生态环境的衰落。鸦片战争后，巨额的战争赔款和军费开支加重了民众的负担，使清政府的财政濒于崩溃。开围放垦成为解决饷银短缺的无奈之举，木兰围场走向衰败。"面对'热河地方异常困苦，……加之庚子多事以来，挪垫借欠，百孔千疮，道库一空如洗'的财政状况，新任热河都统锡良于光绪二十九年（1903）初奏请加紧招垦上述五川荒地，以所得押荒银稍救燃眉之急，以日后所征课额用作饷需"。日俄战争后，日本从俄国人手中取得南满与内蒙东部的势力范围，就势攫取利益。"为'拓利原而裕兵食'，练兵处于光绪三十一年（1905）奏请开办围场屯垦，以收

---

① 参见钮仲勋、浦汉昕：《清代狩猎区木兰围场的兴衰和自然资源的保护与破坏》，《自然资源》1983年第1期。
② 毕宪明：《木兰围场放垦与生态变迁》，《承德日报》2008年7月3日第7版。

'寓兵于农之效，又奏强本固圉'之功。"[1] 随着第二次工业革命的进行，主要资本主义国家先后进入帝国主义阶段，进一步加紧了对中国的侵略和掠夺。1933年，日本侵占围场县，在这里进行了长达13年的殖民统治。1939年，日本华北方面军在其制定的治安肃正计划中写道："为了保证安定，仅保持'线'的占领无任何意义。必须保持'面'的占领，使华北在政治和经济方面都能独立经营。尤其应该承担开发和获得日本国内扩大生产所需重要资源的重任。"[2] 日本加紧对围场的掠夺和控制，不断扩大种植大烟的面积。"据1938年编写的《围场县一般状况》一书记载，围场县共有耕地约160万亩，1932年种植鸦片5万亩，而从1933年日本侵占围场到1937年的5年时间里，鸦片种植面积猛增至13万亩。"[3] 种植鸦片需要消耗大量土壤肥力，导致土壤地力衰减，且很难在短期内恢复。"从1933年入侵到1945年投降，日本侵略者在围场县掠夺阿片约达2000万两。"[4] 太平洋战争爆发后，日本对东北和热河的经济依赖性更为严重。20世纪40年代，日本在长城线上制造千里"无人区"，向北延伸至围场一带。据学者考证，日伪每年从围场掠夺大量修桥用木材。[5] 在帝国主义的侵略和盘剥之下，围场县的经济社会陷入疲惫，自然生态环境的衰落速度加快。

---

[1]　韩光辉：《清初以来围场地区人地关系演变过程研究》，《北京大学学报》（哲学社会科学版）1998年第3期。

[2]　日本防卫厅战史室编：《华北治安战（上）》，天津市政协编译组译，天津人民出版社1982年版，第108页。

[3]　陈平：《千里"无人区"》，中共党史出版社1992年版，第84页。

[4]　《河北文史资料》编辑部编辑：《河北文史资料（第38辑）》，河北文史书店1991年版，第174页。

[5]　参见围场满族蒙古族自治县地方志编纂委员会编：《围场年鉴2010》，中国统计出版社2014年版，第129页。

总之，正是历史与现实的多重因素影响，人为活动的过度干预，导致塞罕坝的森林和草场植被饱受摧残，进而造成自然灾害频发。而塞罕坝地区的生态系统状况比较脆弱，生物链非常容易断裂，一旦遭到破坏和毁损需要十分艰巨而又漫长的修复和重建过程。

### （二）社会主义基本制度的确立

生态环境问题不仅关涉人与自然的关系，而且涉及人与人的关系，受制于生产资料的所有制形式、国家政权的组织形式和技术体系的运行机制等。总结历史经验，塞罕坝从"千里松林"演变成荒原孤树是由多种因素造成的，其中掠夺性开发是导致塞罕坝生态环境持续恶化的直接原因，私有制是造成塞罕坝生态环境恶化的根本原因。在生产资料私有制的条件下，人与人之间的不平等是普遍存在的，因此建立的人与自然的关系也是一种对立性的存在。在清王朝的统治下，塞罕坝森林被划归为皇室私有财产，林木被大量砍伐用于修建皇家宫殿、园林、陵寝等。而且，迫于生存压力，民间无序开垦屡禁不止。鸦片战争以后，帝国主义对中国的侵略和掠夺直接或间接地带动了对塞罕坝森林的掠夺性采伐。生产资料私有制助长了征服自然、统治自然的理念，推动了对塞罕坝资源的过度掠夺和开发，导致塞罕坝生态系统整体功能的严重破坏。要从根本上改变塞罕坝的生态环境状况，必须推动人与人、人与自然关系的全面调整。新中国成立后，随着社会主义改造的基本完成，社会主义基本制度的确立，实现了人民当家作主，消除了人剥削人、人掠夺自然的根源，为塞罕坝生态环境的修复创造了可能，为生态意识的培育创造了条件。"一个阶级是社会上占统治地位的物质力量，同时也是社会上占统治地位的精神力量。"①
社会主义制度的确立促进了集体主义意识的生成，为塞罕坝精神的形
成奠定了政治前提和制度保障。

　　坚持用公平正义的原则处理人与自然的关系是社会主义的内在要
求。国家的一切权力属于人民，是我国国家制度的核心内容和根本准
则，因此必然倡导将国家和集体的利益置于首位，同时追求个体利益
与集体利益相结合，反对因为谋取个人私利损害公共利益。1950年，
《中华人民共和国土地改革法》规定："大森林、大水利工程、大荒
地、大荒山、大盐田和矿山及湖、沼、河、港等，均归国家所有，
由人民政府管理经营之。"②从所有权形式上看，森林作为公共资源
归全体劳动者共同所有，因此关于森林资源的收益和分配必须集中体
现人民的意志，反映人民群众的利益需求，按照社会公共利益最大化
的分配目标，贯彻公共性和公平性的总体要求，切实保障社会全体成
员关于森林资源的合法权益能够得到有效维护。"由于调整了生产关
系，保护了农民的利益，促进了林业事业的发展，仅三年时间，全国
共造林171万公顷，生产木材3229万立方米。"③在塞罕坝兴办林场、
植树造林不是几个人或者几百个人的事情，而是关乎塞罕坝、承德乃
至京津冀人民的共同利益，关乎中华民族永续发展的伟大事业。只有
确保每个公民，无论其家庭收入、地域、民族、身份、性别，都能平
等地拥有对资源开发利用和保护的机会与权利，才能维护经济社会的

---

① 　《马克思恩格斯文集》第一卷，人民出版社2009年版，第550页。
② 　北京政法学院民法教研室编：《中华人民共和国土地法参考资料汇编》，法律出版社1957年版，
第30页。
③ 　刘东生：《中国林业六十年：历史映照未来》，《绿色中国》2009年第19期。

持续发展，促进社会主义价值目标的真正实现。生态环境问题本质上是社会问题，只有社会公平正义得到切实维护和实现，才有可能达到人与自然的和谐共生。公平正义是社会主义的基本价值取向，对公平正义的追求是塞罕坝事业得以开拓和延续的价值源泉。

社会主义制度具有集中力量办大事的显著优势，为塞罕坝生态环境的修复创造了有利条件。在资本主义国家，生产资料由私人占有，社会被分解为许多利益存在分歧和对立的阶级、阶层和集团，政党之间相互倾轧、相互掣肘，要集中各方面的力量和资源难度是相当大的。但是，在社会主义中国，中国共产党是各项事业的领导核心，全国各族人民根本利益一致，上下一盘棋，具有集中力量办大事的显著优势。新中国成立之初，基于对塞罕坝独特区位的考量，党和国家决定在此建立国营林场，不仅明确了林场的国有性质以及公益属性，而且确定了高规格的垂直管理模式①，突出了森林资源建设和管理的公共性质。此间，我国充分发挥社会主义制度的特色和优势，在财政困难、物质匮乏的非常时期，仍能坚守塞罕坝林场的建设初衷，进而确保林场能够获得一定的资金、技术和人才投入，为塞罕坝林场的持续发展提供了良好的制度环境。塞罕坝精神是社会主义核心价值观的具体体现，彰显了社会主义文化的先进性特质，是中国共产党领导中国人民创造的伟大精神成果。

### （三）社会主义事业在探索中发展

国民经济恢复和工业化建设的起步，为塞罕坝的植树造林事业奠定了物质基础。新中国成立初期，千疮百孔、百业待兴，在政治上

---

① 参见李自强、李巍：《绿色奇迹的密码》，《中国纪检监察报》2018 年 1 月 9 日第 6 版。

亟须巩固新生的人民政权，在经济上亟须恢复和发展国民经济。中国共产党领导人民用三年时间，使国民经济迅速恢复到历史最高水平，为国家有计划地开展经济建设和社会主义改造创造了基础条件，大大增强了全国人民建设社会主义事业的决心和信心。1953—1956年，我国基本完成了对农业、手工业和资本主义工商业的社会主义改造，确立了社会主义的基本制度。1953—1957年，我国实施了第一个五年计划，超额完成了规定任务，实现了国民经济的快速增长，为社会主义建设奠定了基础。如果没有人民政权的稳定和发展、国民经济的顺利恢复以及"一五"计划的伟大成就，其他社会主义建设事业的开展也无从谈起。塞罕坝的植树造林事业并不是孤立进行的，需要稳定的社会环境、系统的物质条件支持和相应的人力资源投入，如果没有社会主义建设的持续性推进是无法实现的。国家对塞罕坝林场的资金、技术、人才投入，离不开社会主义建设所取得的积极成果。

　　社会主义建设高潮迭起激发了塞罕坝建设者的奋斗热情。虽然没有稳定有利的外在环境，也没有现成的实践经验可以遵循，但是全国人民群众的爱国热情极度高涨，积极投身于社会主义建设，形成了良好的时代氛围。社会主义建设在曲折中前进，取得了很大的成就。在此期间，涌现出来一批感动中国的英雄模范人物和伟大工程，其中以铁人王进喜为代表的石油工作者发扬为祖国分忧、为民族争气的爱国主义精神，开创了大庆油田的光辉历史；牢记使命、艰苦奋斗，俯首甘为孺子牛的焦裕禄带领兰考县人民整治"内涝、风沙、盐碱"等问题，努力改变贫穷落后的面貌，取得重要成效；勤劳勇敢的林县人民发扬自力更生、艰苦创业精神，苦战十个春秋，修成了一条全长1500

公里的红旗渠，等等。这些伟大精神都是在新中国物质技术条件极度匮乏的情况下，依靠调动社会主义建设者的积极性、创造性，在自力更生、艰苦创业的基础上开创的。这些英雄事迹和伟大精神不仅为社会主义建设带来了物质财富，而且汇聚成社会主义建设的伟大精神力量，成为新中国的精神丰碑，展现了强大的凝聚力和影响力，也极大地鼓舞了塞罕坝建设者在高原高寒地区开展植树造林事业的热情和斗志。20世纪60年代，全国都在学习上山下乡的知识青年典型邢燕子和侯隽，承德市二中的6名女孩追赶邢燕子、侯隽走上塞罕坝。可以说塞罕坝建设者是在继承和弘扬马克思主义信仰和社会主义信念的基础上创造了绿色战线上的奇迹，塞罕坝精神本身就是社会主义建设的重要成果。

新中国绿化事业的快速兴起强化了塞罕坝建设者的使命担当。受战争消耗、过度开垦和自然灾害等多重因素的影响，新中国成立之初我国的森林覆盖率只有8.6%，生态环境遭到严重破坏。①国民经济的恢复和建设需要大量的木材支持，水土流失的治理和荒漠化的防治也需要森林资源和生态植被的屏障防护，因此迫切需要林业的快速恢复和发展。在塞罕坝进行植树造林，既是为了满足国民经济建设对木材的迫切需求，也是为了彻底治理京津冀的风沙危害；既是为了支援国家建设、为人民服务，也是为了实现人生价值，崇高而又具有现实意义。塞罕坝建设者立足新中国基本国情，结合塞罕坝的自然条件和经济基础，胸怀绿色使命和爱国追求，通过接续性努力不仅开拓了绿色事业的新局面，而且为中华民族留下了宝贵的精神财富。

---

① 参见张怀福：《森林文化与生态文明建设实务》，甘肃文化出版社2015年版，第29页。

## 二、塞罕坝精神的历史锤炼

塞罕坝精神是中国共产党领导塞罕坝建设者进行的伟大创造，是中国共产党人精神谱系的组成部分。它的形成和发展经过历史的积淀和锤炼，也必然随着时代变化而不断丰富提升。

### （一）党和国家的重要决策部署

1949—1965年，中国共产党领导林业建设在探索中曲折发展。新中国成立之初，水土流失严重，风沙灾害频繁，让人民群众饱受困扰。以毛泽东同志为核心的党的第一代中央领导集体非常关心和重视林业建设，在推动林业建设和生态环境修复方面作出一系列重要部署，为推动绿化事业的迅速发展指明了前进方向。1950年，林垦部在北京召开第一次全国林业业务会议，确定了"普遍护林，重点造林，合理采伐和合理利用"的林业建设总方针。同年，中央人民政府政务院发布的《关于全国林业工作的指示》中指出："在风沙水旱灾害严重的地区，只要有群众基础，并备种苗条件，应选择重点，发动群众，斟酌土壤气候各种情形，有计划地进行造林，并大量采种育苗以备来年造林之用。"[①]在党中央的部署下，植树造林运动循序开展。到1953年，我国东北、西北、山东、河北、河南等六处防护林带的营造工作取得初步成就，推动相应地区自然面貌发生改变，农作物产量逐渐增加。[②]1956年1月，中共中央政治局在《一九五六年到一九六七年全国农业发展纲要（草案）》中明确提出，"从1956年

---

① 中共中央文献研究室、国家林业局编：《周恩来论林业》，中央文献出版社1999年版，第5页。
② 参见《我国六处防护林带营造获初步成就》，《科学通报》1953年第10期。

开始，在12年内，绿化一切可能绿化的荒地荒山，在一切宅旁、村旁、路旁、水旁以及荒地上荒山上，只要是可能的，都要求有计划地种起树来。"[①]1957年1月，林业部颁发了《国营林场经营管理试行办法》，旨在发挥国营林场在林业建设中的骨干作用。截至1958年3月底，全国已经造林1.7亿亩，相当于第一个五年计划期间完成数的百分之一百一十。[②]1958年4月，中共中央、国务院发布《关于在全国大规模造林的指示》，明确提出"在着重依靠群众造林的同时，必须积极发展国营造林。除原有国营林场应该加强以外，还应该利用国有的和合作社无力经营的荒地荒山，组织下放人力，有计划地增建新的林场。"[③]这一系列方针政策表达了党和国家对植树造林的高度重视，突出了国营林场的重要地位，推动了植树造林事业的蓬勃开展。

国家投资建立一批国有林场和国有林区，在全国兴起植树造林的高潮，激发了中华儿女的爱国之志和报国之心。塞罕坝因为地理区位和地形地貌的特殊性，理所当然成为风沙治理的重点区域。20世纪50年代初，围场县政府先后在阴河、大唤起等地建立了小林场。1957年11月，河北省人民委员会批准承德专署建立河北省承德塞罕坝机械林场。但是，因为自然条件恶劣，苗木难以存活，林场运行状况艰难，面临"下马"。为了破解风沙侵害难题，时任国家林业部国营林场管理总局副局长刘琨带领专家们经过认真调查和反复论证，认为可以在塞罕坝种树，以形成绿色屏障。1962年2月14日，林业部下达《关于

---

① 参见《建国以来重要文献选编》第八册，中央文献出版社1994年版，第54页。
② 参见《建国以来重要文献选编》第十一册，中央文献出版社1995年版，第244页。
③ 《建国以来重要文献选编》第十一册，中央文献出版社1995年版，第248页。

在河北省承德专区围场县建立林业部直属机械林场的通知》，中华人民共和国林业部承德塞罕坝机械林场正式组建。1964年2月，国家批准《林业部承德塞罕坝机械林场总体规划设计方案》，规定了建设材林基地、改善生态环境、研究积累育林经验以及研究积累大型国营机械化林场经营管理的经验四项任务。[1]基于党和国家的历史性决策，塞罕坝林场得以建立和发展。

1978—2011年，林业建设得以恢复和发展。1978年4月，国务院批准成立国家林业总局。1978年11月，党中央、国务院做出在风沙危害和水土流失严重的西北、华北、东北地区建设三北防护林体系的重大战略决策，开创了我国生态工程建设的先河。1981年12月，中华人民共和国第五届全国人民代表大会第四次会议，审议了国务院提出的关于开展全民义务植树运动的议案，开启了中国历史上乃至人类历史上规模空前的植树造林运动。2003年6月，《中共中央 国务院关于加快林业发展的决定》发布，强调林业是一项重要的公益事业和基础产业，提出林业"正经历着由以木材生产为主向以生态建设为主的历史性转变"，要求"在贯彻可持续发展战略中，要赋予林业以重要地位；在生态建设中，要赋予林业以首要地位；在西部大开发中，要赋予林业以基础地位"。[2]在党中央和国务院的大力推动下，林业建设取得举世瞩目的成就。在此期间，塞罕坝人抓住党和国家高度重视林业建设的大好机遇，在苦干实干中续写绿色历史。经过几十年的艰苦努力，塞罕坝的植树造林事业取得显著成效，生态环境状况明显改

---

① 参见《人间奇迹塞罕坝》编委会：《人间奇迹塞罕坝》，人民日报出版社2019年版，第78页。
② 《中共中央 国务院关于加快林业发展的决定》，《河北林业》2003年第4期。

善。根据党和国家的决策部署，塞罕坝林场进一步厘清了主体功能定位，明确了未来发展方向。

党的十八大以来，林业建设迅猛发展。以习近平同志为核心的党中央不断强化和提升生态文明建设的战略地位，把生态文明建设纳入中国特色社会主义事业"五位一体"总体布局，将"坚持人与自然和谐共生"作为新时代坚持和发展中国特色社会主义的十四条基本方略之一，将绿色发展作为新发展理念的重要组成部分，将污染防治攻坚战作为决胜全面建成小康社会三大攻坚战之一，将美丽中国作为全面建设社会主义现代化国家的重要目标，将促进人与自然和谐共生作为中国式现代化的重要特征和本质要求之一，不仅彰显了坚定不移保持和加强生态文明建设的战略定力，而且体现了对人与自然关系的最新理解和阐释。林业是生态文明建设的主战场，推进林业的高质量发展是守护自然生态安全边界的重要内容。2015年4月，中共中央政治局召开会议审议通过《京津冀协同发展规划纲要》，将承德列为"京津冀西北部生态涵养功能区"。2015年2月，中共中央、国务院印发《国有林场改革方案》，提出将国有林场主要功能明确定位为保护培育森林资源、维护国家生态安全。2017年10月，党的十九大提出了加快生态文明体制改革，建设美丽中国的更高要求，强调"实施重要生态系统保护和修复重大工程，优化生态安全屏障体系，构建生态廊道和生物多样性保护网络，提升生态系统质量和稳定性"。[①] 2022年10月，党的二十大明确提出"科学开展大规模国土绿化行动""推行草

---

① 习近平：《决胜全面建成小康社会　夺取新时代中国特色社会主义伟大胜利——在中国共产党第十九次全国代表大会上的报告》，人民出版社2017年版，第51-52页。

原森林河流湖泊湿地修养生息"等战略部署，进一步明确了林业工作的新要求。2023年7月，习近平总书记在全国生态环境保护大会上深刻阐明了"以高品质生态环境支撑高质量发展，加快推进人与自然和谐共生的现代化"的战略要求，科学阐述了新征程上深入推进生态文明建设需要正确处理的重大关系，科学分析了当前面临的任务挑战。根据党和国家的总体部署，新时代塞罕坝人主动扛起政治责任，积极探索推动林场绿色发展的实施方案，致力于将塞罕坝机械林场建设成人与自然和谐共生，生态与经济社会协调发展的全国领先、国际先进的现代化国有林场。

**（二）塞罕坝建设者的不断实践**

新中国成立之初，塞罕坝的原始森林、草场被摧毁殆尽，满目荒凉、风沙肆虐，鸟兽几乎断迹。失去塞罕坝森林的自然屏障，毛乌素和库布其沙漠、乌兰布和沙地、浑善达克沙地借着西伯利亚吹来的西北风肆意向北京浇灌。据统计，1951—1955年，北京年均沙尘天气78天，人民群众苦不堪言。[①] 作家老舍曾经非常形象地描写北京的风沙："寒风，卷着黄沙，鬼哭神号地吹来，天昏地昏，日月无光。"中国共产党人心系民生问题，于1949年成立林垦部，开启防沙治沙的艰难征程。1958年，国务院成立治沙领导小组，推动治沙工作快速发展。根据党和国家的决策部署，河北省掀起了建立国营林场的热潮。塞罕坝的先遣队毅然踏入荒僻苦寒之地，在调研、基建、育苗、积肥等方面做出了大量的努力，尤其是通过开荒种地储备了十几万斤粮

---

① 参见陈广庭：《近50年北京的沙尘天气及治理对策》，《中国沙漠》2001年第4期。

食，为保障机械林场的筹建立下汗马功劳。[①]1962年，塞罕坝机械林场正式建立，塞罕坝的创业者们积极响应党的号召，以"改变当地自然面貌，保持水土，为减少京津地带风沙危害创造条件"为使命，在"黄沙遮天日，飞鸟无栖树"的高原荒漠上艰苦奋斗、无私奉献，跋山涉水、爬冰卧雪，播下了希望的种子。众所周知，从种子萌发、长成幼苗到成为绿洲绝非一朝一夕之功。经过20多年的艰苦奋战，林场超额完成了《塞罕坝机械林场设计任务书》（1962—1982）确定的造林任务，在沙地荒原上造林96万亩，其中机械造林10.5万亩，人工造林85.5万亩。[②]塞罕坝建设者用青春和血汗浇灌这片荒芜的土地，书写了荒原变林海的绿色传奇。从"马蹄坑大会战"到"六女上坝"，无不展现了塞罕坝建设者艰苦奋斗、甘于奉献的精神和坚韧不拔、使命至上的顽强意志。

经过塞罕坝建设者的长期努力，塞罕坝的造林面积大幅度扩大，并对周围自然环境产生积极影响，已然成为全国植树造林的先锋。"植树造林，绿化祖国，是建设社会主义、造福子孙后代的伟大事业，要坚持二十年，坚持一百年，坚持一千年，要一代一代永远干下去。"[③]随着森林覆盖率的提高，林场的管护任务更加严峻，逐步转入营林为主、造林为辅的新阶段，即在继续扩大造林面积的同时，还要着力预防火灾和防治病虫害，努力提高森林质量。塞罕坝林场的第二代建设者继承第一代塞罕坝人的奋斗精神，积极履行新使命，承

① 参见赵云国：《塞罕坝创业英雄谱》，河北人民出版社2019年版，第16—25页。
② 参见《人间奇迹塞罕坝》编委会：《人间奇迹塞罕坝》，人民日报出版社2019年版，第88页。
③ 中共中央文献研究室、国家林业局编：《新时期党和国家领导人论林业与生态建设》，中央文献出版社2001年版，第7页。

担新责任。一方面，加强对森林资源的管护和经营。由于人工林树种单一、栽植密度偏大，存在抵抗力低、稳定性差等问题，生物链极其脆弱。塞罕坝林场坚持"三分造、七分管"的原则，制定了严格的管护制度，成立了专业化的管护队伍。他们积极应对病虫害、火灾、雪压、风折等自然灾害，努力克服无水、无电、无路等困难，顶着严寒和冷风，忍受着孤单和寂寞，全力维护森林资源的健康和安全。另一方面，继续扩大造林面积，丰富经营模式。要继续扩大造林面积，就要啃硬骨头。他们积极攻克技术难题，向土壤贫瘠的石质山地和纯沙地进军，全力以赴开展攻坚造林；他们通过优化树种结构，丰富森林资源的多样性，切实提升了林木的免疫力。同时，塞罕坝林场积极发展生态旅游、绿化苗木产业，努力探索适合自身发展的经营模式。塞罕坝的绿色事业得到党和国家的高度认可，1993年在河北省塞罕坝机械林场的基础上建立塞罕坝国家森林公园；2002年成立塞罕坝省级自然保护区，2007年晋升为国家级自然保护区。历史在磨砺中前进，新的挑战、新的任务不断涌现。塞罕坝建设者没有停滞不前，始终坚持开拓进取，积极适应新情况，努力解决新问题。

塞罕坝建设者的艰苦实践铸就了塞罕坝精神，塞罕坝精神丰富了中华民族的精神宝库。党的十八大以来，以习近平同志为核心的党中央将生态文明建设提升至更加突出的战略位置，并围绕为什么要建设生态文明、建设什么样的生态文明、怎样建设生态文明等重大理论和实践问题，提出了一系列新理念新思想新战略，为推进生态文明建设提供了思想指南。习近平总书记明确指出："要坚持保护优先、自然恢复为主，实施山水林田湖生态保护和修复工程，加大环境治理力度，改革环境治理基础制度，全面提升自然生态系统稳定性和生态服务功能，筑牢生态安全屏障。"[①]在社会主义生态文明建设新时代，党中央对塞罕坝给予了更高的期望和寄托。塞罕坝林场现在已经是中国北方最大的国家森林公园，是全国生态文明建设范例，是世界生态文明建设史上的典型，必须充分发挥引领和带动作用。根据党和国家对塞罕坝的新定位和新要求，塞罕坝建设者将继续弘扬牢记使命、艰苦创业、绿色发展的精神，全力提高塞罕坝的生态服务功能，不断提高塞罕坝森林的适应性和稳定性，坚决保障京津生态安全。在宜林地全部完成造林绿化的基础上，创造性地开展生态保护修复工作，将土壤贫瘠、岩石裸露的石质阳坡作为攻坚造林重点，启动抚育盲点"清零"和资源培育优质高效工程，开创了全国自然保护区抚育经营先例。经过全场职工的共同努力，林场10万余亩石质荒山全部绿化，平均造林保存率高达95%以上。[②]2022年完成当年造林任务后，塞罕坝大规模攻坚造林基本结束，造林方向转为林冠下造林、混交林造林，着力培育健康稳定优质高效的森林生态系统。预计到2030年，塞罕坝有林地面积将达到120万亩，森林覆盖率达到86%的饱和值，除了道路、河流、湿地和防火隔离带外，塞罕坝将全被绿色覆盖，京津生态屏障将更加牢固。[③]预计到2040年，全场混交林面积达到48.1万亩，占比达到40%，构建起多树种、多层次、复合式的森林结构，逐步使

---

① 中共中央文献研究室编：《习近平关于社会主义生态文明建设论述摘编》，中央文献出版社2017年版，第64页。
② 参见王硕：《塞罕坝这片林是最好的教科书》，《人民政协报》2021年8月26日第5版。
③ 参见郭峰、陈宝云、贾楠：《续写新的绿色奇迹》，《河北日报》2022年6月6日第1版。

林分达到近自然状态。[①]塞罕坝第三代建设者坚持贯彻党中央的决策部署，在深化国有林场改革、推动绿色发展、增强碳汇能力等方面进行积极探索，续写新时代绿色传奇。总之，塞罕坝今天的成就是几代建设者共同努力的成果，是中国生态文明建设史上的瑰丽篇章。

### （三）塞罕坝精神的凝练过程

伟大的精神源于伟大的实践，既需要在实践中汲取养分，又需要通过思想层面的整合、提炼、归纳、升华，以形成更高层次的科学理论，反过来再用这些更高层次的理论来指导实践，如此循环反复以至无穷。塞罕坝精神作为马克思主义理论与时代发展相结合的产物，是中国共产党的伟大创造，是塞罕坝建设者通过长期艰苦创业形成的思想结晶，具有强大的感染力和影响力。

伟大的精神不仅要延续优质的基因禀赋，而且要指涉特定时代的主要矛盾和历史任务，适应具体的文化语境和社会土壤。一方面塞罕坝精神既蕴含了马克思主义者一以贯之的价值取向，始终渗透着崇高的理想追求，始终贯穿着艰苦奋斗的精神品质，始终蕴含着浓浓的绿色情结；另一方面塞罕坝精神跨越改革开放前后两个历史时期，融合了不同历史情境下的时代意蕴。1992年，在塞罕坝林场建场三十周年之际，原国家林业部副部长刘琨在总结塞罕坝林场发展历程的基础上，将塞罕坝精神提炼为"勤俭建场，艰苦创业，科学求实，无私奉献。"2010年7月，原国家林业局局长贾治邦在全国林业厅局长座谈会上发表讲话，将塞罕坝精神归纳为"艰苦创业、科学求实、无私奉

---

① 参见李建成、宋平：《传承好塞罕坝精神，筑牢京津生态屏障》，《河北日报》2023 年 5 月 6 日第 1 版。

献、开拓创新、爱岗敬业"。2016年，河北省委原书记赵克志到塞罕坝考察时将塞罕坝精神归纳为"忠于使命、艰苦创业、科学求实、绿色发展"。

2017年8月，习近平总书记对河北塞罕坝林场建设者感人事迹作出重要指示："河北塞罕坝林场的建设者们听从党的召唤，在'黄沙遮天日，飞鸟无栖树'的荒漠沙地上艰苦奋斗、甘于奉献，创造了荒原变林海的人间奇迹，用实际行动诠释了绿水青山就是金山银山的理念，铸就了牢记使命、艰苦创业、绿色发展的塞罕坝精神。"① 所有这些，共同诠释了塞罕坝建设者的精神面貌，同时深刻阐明了中国共产党的初心和情怀，彰显了中国特色社会主义政治制度的显著优势，表达了开创生态文明新时代的期望和要求。随着生态文明建设的推进，塞罕坝林场的发展理念不断升级，森林质量稳步提升，为京津协同发展筑起坚实的生态屏障。塞罕坝精神凝结了塞罕坝建设者的血汗和追求，蕴含了中国共产党人的奋斗精神，体现了中华民族的坚强意志，适应人民群众对优美生态环境和优质生态产品的迫切需要，为中国精神注入了新的活力。

塞罕坝精神本身是一个完整的精神体系，其中牢记使命即坚守对党和人民的忠诚，是塞罕坝精神的灵魂，是塞罕坝从荒原孤树再现为百万林海的精神指引；艰苦创业主要指勤俭节约的工作作风和百折不挠的意志品质，是塞罕坝精神的基础，是塞罕坝建设者超越物质局限和敢于啃硬骨头的动力支撑；绿色发展的要义是坚持人与自然和谐共生，构成塞罕坝精神的主题，是塞罕坝林场实现可持续发展的必由之

① 《习近平谈治国理政》第二卷，外文出版社2017年版，第397页。

路。各构成要素相互影响、相辅相成，让塞罕坝精神熠熠生辉。弘扬塞罕坝精神，必须全面深刻把握其精神实质，进而充分发挥塞罕坝精神的积极能动作用。

## 三、塞罕坝精神的强大力量

植树造林、爱护环境，不仅可以改善人类的生存环境，而且可以为经济社会的持续发展提供重要支撑。塞罕坝林场的生动实践，为塞罕坝精神的孕育、形成和发展提供源源不断的动力；塞罕坝精神的形成和发展产生强大的物质力量和精神力量，带来巨大的生态效益、经济效益和社会效益。

### （一）产生显著的综合效益

塞罕坝林场坚持走绿色发展的道路，在林业建设、防沙治沙、涵养水源工作中取得了巨大的生态效益、经济效益和社会效益。

塞罕坝精神产生了巨大的生态效益。2023年4月，习近平总书记在参加首都义务植树活动时指出："我国人工造林规模世界第一，而且还在继续造林。地球绿化，改善全球气候变化，中国功不可没，中国人民功不可没。"[1]塞罕坝人牢记使命，发扬艰苦创业精神，从"绿化祖国"到建设"美丽中国"，还清了生态历史欠账，给当地和周边地区带来了优美生态环境和优质生态产品，为京津筑起一道坚实牢固的绿色屏障。百万林海筑起"绿色长城"，承担着涵养水源、水土保

---

[1]　《习近平在参加首都义务植树活动时强调　掀起造林绿化热潮　绘出美丽中国的更新画卷》，《人民日报》2023 年 4 月 5 日第 1 版。

持、防风固沙和维护生物多样性等重要生态功能，被誉为水的源头、云的故乡、花的世界、林的海洋、鸟兽的天堂。（1）塞罕坝承担着为首都阻沙源、为京津涵水源的职责。经过60多年的艰苦努力，塞罕坝的森林覆盖率由11.4%提高到82%，有效阻滞了浑善达克沙地南侵，每年可涵养水源2.84亿立方米。①（2）塞罕坝在改善周边区域空气质量方面发挥着重要作用。每年可固定二氧化碳86.03万吨；年释放氧气59.84万吨，约相当于219万人呼吸一年空气的氧含量；森林中"空气维生素"负氧离子的含量，最高达每立方厘米8.5万个，为建设天蓝、地绿、水秀的美丽河北贡献力量。②（3）塞罕坝森林在调节周边区域小气候方面作出重要贡献。经过半个多世纪的治理，塞罕坝的森林覆盖率和森林质量都得到大幅度提高，同时带动了林场及周边区域小气候的有效改善。相较于建场初期，无霜期由52天增加到64天，年均大风日数由83天减少到53天，年均降水量由不足410毫米增加到479毫米，为周边地区农牧业稳定发展、农牧民稳定增收创造有利条件。③（4）塞罕坝森林在保护生物多样性方面发挥重要作用。随着塞罕坝森林覆盖率的提高、森林质量的提升，生物栖息地不断修复，形成了森林、草甸、湿地相结合的生态系统，成为华北动植物物种的重要基因库。现有陆生野生脊椎动物261种，鱼类32种，昆虫660种，大型真菌179种，植物625种。其中，国家重点保护动物有47种，国家重点保护

---

① 参见安长明：《林业发展助力乡村振兴的探索与实践——以河北省塞罕坝机械林场为例》，《河北农业大学学报》（社会科学版）2022年第6期。
② 参见陈元秋、耿建扩：《塞罕坝：美丽高岭 绿色奇迹》，《光明日报》2021年8月29日第9版。
③ 参见安长明：《林业发展助力乡村振兴的探索与实践——以河北省塞罕坝机械林场为例》，《河北农业大学学报》（社会科学版）2022年第6期。

植物有9种。①

　　塞罕坝精神产生巨大的经济效益。习近平总书记指出："绿水青山既是自然财富、生态财富，又是社会财富、经济财富。保护生态环境就是保护自然价值和增值自然资本，就是保护经济社会发展潜力和后劲。"②塞罕坝人牢记使命，发扬艰苦创业精神，让绿色种子和绿色发展理念在荒原沙地生根开花结果，推动了森林资源总量和森林蓄积量的持续增长，让生态资源优势转化为发展优势，让绿色屏障转变成绿色银行。其一，依托百万林海大力发展绿色苗木、森林旅游等绿色生态产业。经过几十年坚持不懈的努力，塞罕坝的森林生态体系日益繁茂，为绿色产业综合发展奠定坚实基底。据中国林科院核算评估，林场森林湿地资源资产总价值达231.2亿元。在经营收入方面，林场主营业收入达26.4亿元，其中，森林抚育与利用原木产品17.5亿元，工程造林与园林绿化苗木1.8亿元，生态旅游5.6亿元。③塞罕坝不断提高站位，实现从荒山造林到生态育林、从提供原木材料到提供生态产品的转变，不断推动绿色产业链的延伸拓展，而且必然迎来更广阔的前景。其二，锚定"双碳"目标，积极探索生态产品价值实现路径，大力发展碳汇经济。近年来，林场有林地面积增加到115.1万亩，林木总蓄积由33万立米增加到1036.8万立方米，增长30倍。④"森林既是水库、钱库、粮库，

---

① 参见安长明：《林业发展助力乡村振兴的探索与实践——以河北省塞罕坝机械林场为例》，《河北农业大学学报》（社会科学版）2022年第6期。
② 《习近平著作选读》第二卷，人民出版社2023年版，第171页。
③ 参见孙阁、侯绍强、铁铮：《安长明统领塞罕坝二次创业》，《绿色中国》2022年第22期。
④ 参见安长明：《林业发展助力乡村振兴的探索与实践——以河北省塞罕坝机械林场为例》，《河北农业大学学报》（社会科学版）2022年第6期。

也是碳库。"①据统计，塞罕坝林业碳汇项目已成功在国家发展和改革委员会备案474万吨，目前已完成碳汇交易16万吨，实现收益314万元②；完成林业碳汇项目开发的林地面积达到77万亩，占森林总面积的67%；共核证林业碳汇量700万吨二氧化碳当量，预计可实现收入4.2亿，已实现收入922万元。实践证明，高质量发展和高水平保护是相辅相成、相得益彰的，要守好这方碧绿、这片蔚蓝、这份纯净，就必须坚定不移走生态优先、绿色发展之路。在塞罕坝林场多处悬挂着这样的标语："吃祖宗饭，断子孙路不是能耐，能够还祖宗账，留子孙粮才是本事"。塞罕坝积极谋求经济发展与环境保护协同共生，实现了经济发展与人口、资源、环境的良性循环，印证了"生态兴则文明兴，生态衰则文明衰"的发展法则。

塞罕坝精神产生巨大的社会效益。习近平总书记在全国卫生与健康大会上指出："绿水青山不仅是金山银山，也是人民群众健康的重要保障。"③良好的生态环境是最普惠的民生福祉，是人类生存与健康的基础。让百姓呼吸上新鲜的空气、喝上干净的水、吃上放心的食物，有更好的工作环境和生活环境，既是衡量国家发展质量和水平的重要标志，也是各级党委和政府应尽的职责。塞罕坝建设者用半个多世纪的努力创建了世界上最大的人工林场，牢记"为首都阻沙源、为京津涵水源"的神圣使命，为保障人民群众身心健康作出重要贡献。

---

① 《习近平在参加首都义务植树活动时强调 掀起造林绿化热潮 绘出美丽中国的更新画卷》，《人民日报》2023年4月5日第1版。
② 参见孙阁、侯绍强、铁铮：《安长明 统领塞罕坝二次创业》，《绿色中国》2022年第22期。
③ 中共中央文献研究室编：《习近平关于社会主义生态文明建设论述摘编》，中央文献出版社2017年版，第90页。

塞罕坝林场提供了大量就业岗位，在带动当地村民脱贫攻坚方面做出大量努力，"使周边4万多百姓受益，2.2万名贫困人口实现脱贫。带动周边发展乡村游、农家乐等多种业态，每年实现社会总收入6亿多元。带动周边发展生态苗木基地10余万亩，苗木总价值达7亿多元。为当地4000余名群众提供就业机会，人均年收入达1.5万元"①。2021年2月，为表彰在脱贫攻坚工作中作出重大贡献的个人和集体，大力弘扬民族精神、时代精神和脱贫攻坚精神，充分激发全党全国各族人民干事创业的责任感、使命感、荣誉感，党中央、国务院决定，授予10名同志、10个集体"全国脱贫攻坚楷模"荣誉称号，河北省塞罕坝机械林场荣列其中。同时，"林场提供技术支持，带动周边区域规模化造林445万亩，有力推动了三北防护林、太行山绿化攻坚、雄安新区千年秀林等生态工程建设。联合国防治荒漠化公约组织的30多个国家代表来林场考察学习植树造林、防沙固沙技术"②。塞罕坝林场建设者的感人事迹得到党和国家的高度肯定，引发全社会的广泛关注，在全国产生积极的示范效应。

## （二）展示红色魅力和绿色智慧

塞罕坝精神展示红色魅力和绿色智慧，为正确处理人与自然的关系提供精神指引。

坚持党建引领，不断筑牢战斗堡垒，确保塞罕坝事业始终沿着正确方向前行。中国共产党是中国工人阶级的先锋队，同时是中国人

---

① 安长明：《林业发展助力乡村振兴的探索与实践——以河北省塞罕坝机械林场为例》，《河北农业大学学报》（社会科学版）2022年第6期。

② 安长明：《林业发展助力乡村振兴的探索与实践——以河北省塞罕坝机械林场为例》，《河北农业大学学报》（社会科学版）2022年第6期。

民和中华民族的先锋队。中国共产党的领导地位，是历史和人民的选择。"改革开放40年的实践启示我们：中国共产党领导是中国特色社会主义最本质的特征，是中国特色社会主义制度的最大优势。"①党中央高度重视并大力推进植树造林和生态文明建设，强调国营林场的战略地位，为塞罕坝林场的建设发展指明了前进方向、创造了良好的外部环境。塞罕坝建设者听从党的召唤，坚持中国共产党的领导，坚定不移走生态优先、绿色发展之路，创造了人逼沙退、生态逆转的伟大业绩。塞罕坝机械林场党委始终重视加强党建工作，坚持领导干部以身作则、以上率下、深入一线，承担总揽全局、协调各方的作用，勇于解决前进中的各种困难和问题，确保"关口""隘口"通关顺畅；积极发挥思想政治工作的优势，广泛凝聚人心、汇聚力量，增强全体职工的事业心和责任心，激发全体职工植树造林的昂扬斗志；严格党内组织生活，实施党建目标考核管理，健全完善党员教育管理长效机制，充分发挥基层党组织的战斗堡垒作用。在中国共产党的坚强领导下，塞罕坝建设者保持对美好家园的执着追求，以"前人栽树后人乘凉"的奉献精神，用坚持不懈、忠于职守的精神，创造了高寒沙地植树造林的绿色奇迹。

以改革创新攻克前行难关，使塞罕坝不断焕发生机和活力。唯物辩证法认为，整个世界是一个普遍联系和永恒发展的有机整体，以封闭僵化的思维来处理问题只能适得其反，我们不能忘却清王朝坚持闭关锁国使中国陷入落后挨打的境地。"改革开放是当代中国发展进步的活力之源，是我们党和人民大踏步赶上时代前进步伐的重要法宝，

① 习近平：《在庆祝改革开放40周年大会上的讲话》，《人民日报》2018年12月19日第2版。

是坚持和发展中国特色社会主义的必由之路。"① 随着经济社会的快速发展，一些国有林场在功能定位、管理体制、经营机制、经济效益等方面面临诸多问题，如果这些问题不能得到及时有效的破解，则很难适应经济社会发展的新形势新任务新要求。塞罕坝林场不断深化内部改革，坚持以改革激发活力，以创新攻克难关，积极调整产业结构，转换经营机制，以破除体制机制障碍，完善目标管理责任制，推动森林质量不断迈上新台阶。在60多年的林业建设中，塞罕坝林场坚持以森林经营为基础，通过突出良种选择，加大抚育力度，创新造林模式，加强生境修复与生物多样性保护以及开展人工林近自然化改造等举措推进森林资源的保护和培育②；坚持市场化改革方向，制订长期经营规划，优化产业结构，加强资源整合，拓宽营销渠道，打造经典品牌，走可持续发展之路；坚持"经营和保护并重，利用和培育并举"的原则，推行领导包保制度、目标承诺制度、调查设计委托协议制度、"三员三卡两书制度"等，优化林场内部管理，提高林场整体运行成效。③塞罕坝林场积极适应林业改革发展和生态文明建设的战略要求，积极探索林场改革的新途径，不断健全林场经营管理体制，为增强林区的生态功能和发展活力作出重要贡献。

　　坚持以人民为中心的发展思想，凝聚起最广泛的智慧和力量。人民群众是社会历史的主体，是物质财富和精神财富的创造者。人

---

①　中共中央文献研究室编：《习近平关于全面深化改革论述摘编》，中央文献出版社2014年版，第3页。
②　参见赵云国主编：《塞罕坝林场改革的实践与思考》，中国林业出版社2016年版，第13–14页。
③　参见龙双红、王立军：《塞罕坝机械林场立足科学经营构筑绿色屏障》，《河北林业科技》2014年第2期。

民群众既为精神财富的创造提供智慧和力量，又为人类社会直接创造大量精神产品。塞罕坝建设者是塞罕坝精神形成的主体力量，经过社会主义建设的实践锤炼，不仅在思想认知层面有较大幅度的提高，而且在个人能力方面不断完善。塞罕坝建设者是生长于社会主义社会的建设者，塞罕坝精神是在一代又一代塞罕坝建设者的实践中形成的。1962年，来自承德农业专科学校、东北林学院、白城林业机械学校的127名大中专毕业生，与原承德专署塞罕坝机械林场、围场县大唤起林场、阴河林场的242名干部职工组成369人的创业队伍，开启了塞罕坝的奋斗历程。他们来自全国18个省（区、市），平均年龄不到24岁，为塞罕坝奉献了青春和热血甚至生命。经过半个多世纪的发展，塞罕坝林场的建设队伍不断壮大，其中既有像付立华、庞金峡一样夫唱妇随的新塞罕坝人，又有子承父业、孙承祖业的林二代、林三代。他们构成塞罕坝林场的中坚力量，用自己的意志和努力克服了恶劣的自然气候条件，用自己的智慧攻克了一个又一个技术难题。此外，塞罕坝造林任务能够按期完成离不开周围人民群众的大力支持。《1964年造林设计任务书》明确指出"人工造林任务由林场固定工人完成一部分，绝大部分发动社会劳力完成"[1]，因此必须充分调动社员的积极性，完善造林工作的筹备、管理和监督。1965年，围场县的16个公社、40个生产大队、227个生产小队的2213名男女青壮社员参加了春季造林大会战。[2]围场县的广大人民群众是塞罕坝植树造林的力量源泉，发动围场县群众共同植树造林成为塞罕坝林场的延续性策略。

① 赵云国：《塞罕坝创业英雄谱》，河北人民出版社2019年版，第60页。
② 参见赵云国：《塞罕坝创业英雄谱》，河北人民出版社2019年版，第64页。

"围场县有312个村，每年5—10月份党组织都组织一些青壮劳力去坝上栽树。王尚海曾感慨地说：'人民群众是我们造林的靠山，没有他们的支援，就没有我们塞罕坝的今天！'"①经过几代人的接力拼搏，才有了塞罕坝精神的凝聚和延续。在塞罕坝建设者的共同努力下，在塞罕坝精神的激励下，不仅将昔日的风沙肆虐之地植成了林的海洋、花的世界，而且为中华民族的精神宝库再添新辉。

**（三）奏响绿色发展的时代强音**

塞罕坝精神是中国特色社会主义先进文化的典型范例。半个多世纪以来，塞罕坝林场建设者们响应党和国家的号召，牢记使命、艰苦创业，创造了沙地变绿洲、荒原变林海的绿色奇迹，形成了富有时代特色的伟大精神，为开拓生态文明建设新时代树立起一面精神旗帜。塞罕坝精神集中体现了中国特色社会主义文化的特点和优势，为全面强化理想信念教育，推进社会主义核心价值观教育提供生动素材。自20世纪80年代以来，多位党和国家的领导人及省部级领导到塞罕坝林场视察，对塞罕坝的功绩给予充分肯定。

原国家计委下发通知，在丰宁千松坝、围场御道口、张家口塞北三地建设大型生态林场。截至2016年年底，三个林场完成造林绿化377万亩，森林覆盖率近50%，切实降低了京津"三盆生命水"（官厅、密云、潘家口水库）的入库泥沙量，构筑起护卫京津的生态防护林体系。②2010年7月，时任国家林业局局长贾治邦与参加全国林业厅局长

---

① 封捷然：《塞罕坝奇迹是中国共产党人的伟大创造》，《承德日报》2020年4月14日第6版。
② 参见严冰、刘静远、陈曦：《河北再造三个"塞罕坝"》，《人民日报海外版》2017年8月26日第2版。

座谈会的代表一起，参观考察了河北省塞罕坝机械林场，提出要像当年农业学大寨、工业学大庆一样，全国林业系统也要认真学习塞罕坝机械林场建设积累的成功经验。

2017年8月，习近平总书记对河北塞罕坝林场建设者感人事迹作出重要指示，强调塞罕坝建设者用实际行动诠释了绿水青山就是金山银山的理念，铸就了牢记使命、艰苦创业、绿色发展的塞罕坝精神，是推进生态文明建设的一个生动范例。塞罕坝林场感动了中国，感动了时代，曾荣获最美奋斗者、全国生态建设突出贡献先进集体、"2018—2019绿色中国年度人物"、全国先进基层党组织、全国绿化先进集体等多项荣誉。全国上下掀起了学习弘扬塞罕坝精神的热潮，国家发展和改革委员会、中宣部等部门到塞罕坝林场调研，《人民日报》《光明日报》等多家国家级主流媒体进行宣传报道，《求是》刊发多篇文章阐发塞罕坝精神。2017年8月至2020年8月，河北塞罕坝林场先进事迹巡回报告会先后在北京人民大会堂和河北、贵州、江西、福建、山西等10个省（区、市）举行。期间，塞罕坝机械林场累计接待23万人次考察参观学习。① 2017年8月，央视《焦点访谈》以《咬定青山不放松》为题，讲述了塞罕坝人在荒漠上种树、石坡上造林的传奇故事。2018年8月，中央电视台综合频道、爱奇艺、优酷视频同步播出电视剧《最美的青春》，再现了塞罕坝林场的奋斗历程。2019年12月，以三代塞罕坝人造林、护林、营林的感人事迹为基础创作的现实主义题材影片《那时风华》上映。新闻界、文艺界、学术界、出版

---

① 参见孙阁：《河北举办塞罕坝精神批示三周年纪念活动》，《中国绿色时报》2020年8月25日第2版。

界共同努力，创作出一批震撼心灵的优秀作品，以讴歌塞罕坝精神。2021年8月，习近平总书记在考察塞罕坝机械林场时指出："抓生态文明建设，既要靠物质，也要靠精神。要传承好塞罕坝精神，深刻理解和落实生态文明理念，再接再厉、二次创业，在实现第二个百年奋斗目标新征程上再建功立业。"[①] 大批干部群众赴塞罕坝机械林场参观学习，河北积极探索把弘扬塞罕坝精神融入社会主义核心价值观教育、融入学校教育，推动塞罕坝精神落地生根、开花结果。全党全社会从多角度、多方面讲述塞罕坝故事，持续深入推进学习塞罕坝精神。塞罕坝林场作为中国特色社会主义先进文化的新时代样本，唱响了社会主义先进文化的主旋律，为繁荣发展社会主义先进文化贡献了重要力量。

塞罕坝林场向全世界诠释了新时代美丽中国的整体形象。1994年，时任美国世界观察研究所所长莱斯特·布朗在《世界观察》杂志上发表了《谁来养活中国——来自一个小行星的醒世报告》，抛出"中国环境威胁论"。此后，一些国家陆续掀起"中国环境威胁论"的浪潮并延续至今，对中国国家形象产生不利影响。在全球变暖成为全球焦点之际，发达国家通过操纵国际舆论向中国施压。事实上，中国共产党人历来高度重视生态环境保护，尤其是党的十八以来以前所未有的决心和力度推动生态文明建设，生态文明建设从理论到实践都发生了历史性、转折性、全局性变化，美丽中国建设迈出重大步伐。"美国航天局卫星数据表明，全球从2000年到2017年新增的绿化面积

---

① 《习近平在河北承德考察时强调 贯彻新发展理念弘扬塞罕坝精神 努力完成全年经济社会发展主要目标任务》，《人民日报》2021年8月26日第1版。

中，约1/4来自中国，贡献比例居全球首位。"[1]

2020年9月，习近平主席在第七十五届联合国大会一般性辩论上指出："中国将提高国家自主贡献力度，采取更加有力的政策和措施，二氧化碳排放力争于2030年前达到峰值，努力争取2060年前实现碳中和。"[2] 2022年10月，党的二十大报告提出，"积极稳妥推进碳达峰碳中和"，强调"实现碳达峰碳中和是一场广泛而深刻的经济社会系统性变革"[3]。以习近平同志为主要代表的中国共产党人，站在实现中华民族永续发展的战略高度，站在对人类文明负责的高度，提出共同构建地球生命共同体、共同建设清洁美丽的世界等倡议，将"双碳"战略目标融入经济社会发展全局，承担大国责任、展现大国担当，实现由全球环境治理参与者到引领者的重大转变。

经过半个多世纪的努力，塞罕坝人植树造林百万亩，成为中国推动生态文明建设的成功案例，展示了中国推动生态环境保护的决心、力度和成效，赢得了广泛赞誉。2017年12月，在肯尼亚首都内罗毕召开的第三届联合国环境大会上，塞罕坝林场建设者获得"地球卫士奖"，陈彦娴、刘海莹、于士涛代表塞罕坝三代务林人领奖，陈彦娴发表获奖感言。"地球卫士奖"是联合国系统最具影响力的环境奖项，代表环境保护领域的最高荣誉，以颁发给在环境领域作出杰出贡献的个人或组织。2021年9月，河北塞罕坝机械林场荣获联合国防治荒漠化领域最高荣誉——"土地生命奖"。塞罕坝在荒漠化与土地退化

---

① 周舟：《全球新增绿化1/4来自中国》，《人民日报海外版》2019年2月14日第2版。

② 《十九大以来重要文献选编》中，中央文献出版社2021年版，第712页。

③ 习近平：《高举中国特色社会主义伟大旗帜 为全面建设社会主义现代化国家而团结奋斗——在中国共产党第二十次全国代表大会上的报告》，《人民日报》2022年10月26日第1版。

治理方面作出的杰出贡献得到全球认可，说明国际社会对中国绿化荒山战略的高度认同。塞罕坝人以中国智慧和中国经验改写了自然史，不仅为中国特色社会主义生态文明建设提供了新技术和新经验，而且为全世界探索人与自然的关系，进行绿色变革提供重要参考。越来越多的国际人士了解到塞罕坝的故事，看到中国人民对生态环境保护所做出的努力。联合国前副秘书长埃里克·索尔海姆说："塞罕坝造林建设者已经把退化的土地变成了一片郁郁葱葱的天堂，并使它成为被植被覆盖的'新长城'。"[1]"蒙古国科学院国际关系研究所中国室主任旭日夫认为，中国特别重视因地制宜的绿色发展模式，'例如，塞罕坝的历史变迁在全球引起广泛关注，中国治沙造林经验值得学习和借鉴'。"[2]塞罕坝人站在世界舞台上阐释中国人如何发扬牢记使命、艰苦创业、绿色发展的精神，讲述植树造林、生态环境修复的感人故事，对于传播好中国绿色声音，不断增强国际舆论话语权，提升中国的国际形象具有重要意义。

[1]　《种下绿色就能收获美丽》，《人民日报》2017 年 12 月 7 日第 3 版。
[2]　《"我们看到中国人民为保护环境作出的巨大努力"——国际人士积极评价中国生态文明建设成就》，《人民日报》2020 年 4 月 22 日第 3 版。

## 第二章

# 牢记使命
# 不懈追求

习近平总书记深刻指出："不忘初心，方得始终。中国共产党人的初心和使命，就是为中国人民谋幸福，为中华民族谋复兴。这个初心和使命是激励中国共产党人不断前进的根本动力。"[①]党的初心和使命回答了从哪里来、要到哪里去等基本问题，是党的性质宗旨、理想信念和奋斗目标的集中体现。为中国人民谋幸福、为中华民族谋复兴，也是塞罕坝建设者的崇高目标，具体表现在为首都阻沙源、为京津涵水源。不懈追求是牢记使命的必然结果，是引领和支撑塞罕坝建设者艰苦奋斗、战胜一切困难的精神旗帜和力量源泉。

## 一、牢记使命是塞罕坝精神的灵魂

塞罕坝建设者的初心使命是塞罕坝精神的灵魂，体现了塞罕坝建设者的根本价值追求。全面准确地把握初心使命的地位和要求，对于弘扬塞罕坝精神具有重要的现实意义。

### （一）明确塞罕坝建设者的价值坐标

初心释义为最初心怀的承诺和心意。《搜神记》有云："既不

---

① 习近平：《决胜全面建成小康社会　夺取新时代中国特色社会主义伟大胜利——在中国共产党第十九次全国代表大会上的报告》，人民出版社 2017 年版，第 1 页。

契於初心，生死永诀。"使命是对信念的坚守、对责任的担当。《左传·昭公十六年》有云："会朝之不敬，使命之不听，取陵于大国，罢民而无功，罪及而弗知，侨之耻也。"初心是一种内在的精神追求，使命是初心的实践表达。初心引领使命，使命承载初心。初心和使命构成精神层面的根与魂，蕴含价值取向、价值标准、价值手段、价值目标等多层次规定性，具体回答了发展为了谁、发展依靠谁、发展的成果由谁共享等问题，体现了价值观念的基础和依据，确立了塞罕坝建设者的价值坐标。"个人怎样表现自己的生命，他们自己就是怎样。"① 中国共产党人的初心和使命，就是为中国人民谋幸福，为中华民族谋复兴。坚持以人民为中心是马克思主义政党的根本政治立场，是对中国共产党一百多年奋斗历程和实践经验的深刻总结，是全面建成社会主义现代化国家的根本遵循。中国共产党人以坚持人民至上为根本价值取向，以人民根本利益为最根本价值标准，以相信和依靠人民群众为根本价值手段，以满足人民群众的真正需要为根本价值目标。塞罕坝建设者的初心和使命是塞罕坝精神中最深沉的力量，决定着塞罕坝精神追求的广度、深度和高度，是塞罕坝建设者在想问题、办事情，处理各种矛盾冲突时所持的价值立场、价值态度和价值取向。初心使命凝结成塞罕坝建设者的共同价值追求，转化为塞罕坝建设者的思想自觉和行动自觉。当然，初心和使命具有多层次性，既有根本性的价值追求，也有具体性的价值追求，并在不同时代、不同历史阶段呈现出不同的实践要求。在建设和改革的不同历史时期，塞罕坝建设者始终坚守着最初的承诺和心意，努力践行着从"绿化祖

---

① 《马克思恩格斯文集》第一卷，人民出版社 2009 年版，第 520 页。

国"到建设"美丽中国"的历史使命，构筑起一方精神高地。

塞罕坝林场是中国共产党领导下的一个先进性集体，塞罕坝的植树造林事业是新中国生态文明建设事业的重要组成部分，是中华民族伟大复兴历史征程上的绿色丰碑。塞罕坝林场的初心和使命是为首都防风固沙、为京津涵养水源，体现了对中国共产党人精神谱系的传承和延续，是对共产主义信仰的守望和皈依。初心和使命所蕴含的价值取向、价值标准、价值手段和价值目标构成有机整体，统一于三代塞罕坝人植树造林的伟大实践中。初心和使命明确了塞罕坝建设者的价值取向，表达了塞罕坝林场成立和发展的本意，激励了一代又一代塞罕坝人为生态文明建设前赴后继、艰苦奋斗。初心和使命明确了塞罕坝建设者的价值标准，表达了塞罕坝人想问题办事情时所秉持的基本尺度，确定了塞罕坝林场做好一切工作的评价准则。初心和使命明确了塞罕坝绿色事业的价值手段，表达了塞罕坝林场在植树造林过程中理应采取的技术和方法，是激励塞罕坝人应对困难和挑战，协调内部利益关系的动力源泉。初心和使命明确了塞罕坝绿色事业的价值目标，指引着一代又一代塞罕坝人的续航方向，表达了塞罕坝人始终如一的目标追求。牢记初心和使命，即任何时候都不能改旗易帜，任何时候都不能含糊动摇，因此才能凝心聚力完成跨时代的历史任务。

**（二）明确塞罕坝建设者的政治方向**

初心和使命指向人们所向往的政治制度、政治关系和政治生活，是人们政治立场和世界观的集中反映，具有鲜明的意识形态属性和强大的统摄力，对低层次的理想信念具有决定性影响。从老子的"小国寡民"、墨子的"兼相爱、交相利"、孔子的"大同世界"、陶渊明的"世外桃源"、洪秀全的"太平天国"到孙中山的"天下为公"，公平正义是人类社会始终如一的追求。坚持公平正义的政治纲领符合社会历史的发展方向，符合广大人民群众的根本利益，能够更好地激发群体的认同感和归属感，具有强大的生命力和持久力。

环境问题本质是人与人的关系问题，其与经济问题、政治问题、社会问题、文化问题相互交织，关系到广大人民群众的切身利益。解决好环境问题是践行党的宗旨的内在要求，关乎中国共产党的执政目的、执政方式和执政能力，属于中国共产党的领导责任和政治责任。1978年，中共中央在批转《环境保护工作汇报要点》时明确指出，各级党委，各级领导部门都应主动去抓环境保护这项工作。[①]1997年至2005年，中共中央连续9年在两会期间召开人口资源环境工作座谈会[②]，不仅强调党政一把手对环境保护工作要亲自抓、负总责，而且提出全面落实目标管理责任制[③]。2012年，党的十八大通过的《中国共产党章程（修正案）》，把"中国共产党领导人民建设社会主义生态文明"写入党章。2018年5月，习近平总书记在全国生态环境保护大会上指出："生态环境是关系党的使命宗旨的重大政治问题，也是关系民生的重大社会问题。"[④]党和国家做出在塞罕坝成立国有林场，进行植树造林的伟大决策是关系京津冀快速发展的重要战略，对实现党的政治目标具有重要的现实意义。塞罕坝的绿化事业是共产主义事

---

① 参见国家环境保护总局、中共中央文献研究室编：《新时期环境保护重要文献选编》，中国环境科学出版社、中央文献出版社2001年版，第2页。

② 1997—1998年为中央计划生育和环境保护工作座谈会，1999年起更名为中央人口资源环境工作座谈会。

③ 参见《十六大以来重要文献选编》上，中央文献出版社2005年版，第859页。

④ 《十九大以来重要文献选编》上，中央文献出版社2019年版，第448页。

业的重要组成部分，矢志植树造林与坚守为中国人民谋幸福、为中华民族谋复兴的初心和使命是一致的。

为首都防风固沙、为京津涵养水源是历史和时代赋予塞罕坝建设者的政治责任，守初心、担使命体现的是塞罕坝建设者的政治信仰、政治立场、政治觉悟和政治品格。政治建设在中国特色社会主义事业中居于统领地位，政治信仰是否坚定、政治责任感是否强烈，是决定社会主义建设者能否在思想上政治上行动上同党中央保持一致的重要因素。"我们所要坚守的政治方向，就是共产主义远大理想和中国特色社会主义共同理想、'两个一百年'奋斗目标，就是党的基本理论、基本路线、基本方略。"①塞罕坝建设者以高度的政治责任感守初心、担使命，听从党的号召，紧跟党的步伐，在履职尽责、干事创业方面坚持高站位，在应对困难挑战时立足高起点，在完成工作任务方面秉承高标准。他们主动扛起政治责任，按照党的路线方针政策的根本要求，及时妥善化解突出的矛盾和问题，圆满完成党和国家交给的历史任务。

### （三）明确塞罕坝建设者的理想信念

初心和使命是理想信念的集中体现，是从容应对前进道路上各种风险与挑战的力量源泉。习近平总书记指出："一个国家，一个民族，要同心同德迈向前进，必须有共同的理想信念作支撑。"②只有坚持共同的理想信念，才能促进人民群众统一思想、提高认识、增强斗志、强化担当。

---

① 《十九大以来重要文献选编》上，中央文献出版社 2019 年版，第 537 页。
② 《习近平关于全面建成小康社会论述摘编》，中央文献出版社 2016 年版，第 122 页。

塞罕坝建设者所秉持的理想信念是崇高的、科学的理想信念。凡是符合客观事物发展规律和广大人民群众根本利益的理想就是崇高的理想、科学的理想。相反，违背客观事物发展规律，以个人私利为根本价值取向的理想是庸俗的理想、不科学的理想。只有崇高的、科学的理想才能顺应历史发展的趋势，才能赢得人民群众的信任支持，才具有实现的现实可能性。"信仰、信念、信心，任何时候都至关重要。小到一个人、一个集体，大到一个政党、一个民族、一个国家，只要有信仰、信念、信心，就会愈挫愈奋、愈战愈勇，否则就会不战自败、不打自垮。"①在高寒沙地大规模植树造林鲜有先例，对绿化事业的信仰和坚守是支撑塞罕坝建设者取得胜利的关键。从总体来看，塞罕坝的生态问题是历史问题，是人们在长期过度开发、掠夺性开发、破坏性开发过程中所产生的累积性结果，而生产资料私有制是造成塞罕坝生态环境恶化的根源所在。随着社会主义制度在中国的确立，人们更加渴望建立一种新型的人与自然的关系。在中国共产党的领导下，塞罕坝的发展目标转为恢复和建设，不再是对自然的片面掠夺和索取。党中央、国务院心系社会生态环境和人民的生活状况，高度重视植树造林、防风固沙，并做出大规模植树造林的战略决策。时任国家林业部国营林场管理局副局长刘琨说："共产党员为群众谋福利，上管天，下管地，中间还得管空气。连个林子都管不了，怎么为老百姓服务？"②朴实的话语道出了信仰的精髓，其本质是为了维护社会全体成员的公共利益，而不是为了谋取少数人或者个人的私利。

---

① 《十九大以来重要文献选编》上，中央文献出版社 2019 年版，第 739 页。
② 朱悦俊、段宗宝：《美丽塞罕坝》，天地出版社 2019 年版，第 41 页。

这种崇高、科学的理想信念是支撑塞罕坝建设者的精神支柱，贯穿着塞罕坝的整个奋斗历程。为了证明在塞罕坝植树造林的可行性，刘琨带领专家组在零下40摄氏度的低温下，顶着风雪，在荒凉的雪原上苦苦寻找生命迹象。"为有牺牲多壮志，敢教日月换新天。"朴实中有情怀，实践中有信仰。无论是创业的艰辛还是守业的艰难，一代又一代塞罕坝建设者始终坚守着信仰，以愚公移山般的意志建成了世界上最大的人工林。无论是从横纵维度考量，还是从外部环境和内部现实条件着眼，塞罕坝林场所取得的成就都是首屈一指的。塞罕坝建设者所创造的生态价值是惊人的，而在史诗般的奋斗历程中所凝聚的精神力量更是无法估量的。

### 二、牢记使命的精神实质

习近平总书记指出："我们党要求全党同志不忘初心、牢记使命，就是要提醒全党同志，党的初心和使命是党的性质宗旨、理想信念、奋斗目标的集中体现，越是长期执政，越不能忘记党的初心使命，越不能丧失自我革命精神。"①半个多世纪以来，塞罕坝林场的党员干部和全体职工始终忠于党和人民赋予的光荣使命，用心血和汗水践行着对党、人民以及社会主义事业的绝对忠诚，用青春和生命书写了对祖国的热爱之情。

#### （一）忠诚于党的政治品格

塞罕坝建设者的政治品格主要体现在牢记使命、对党忠诚方

---

① 《十九大以来重要文献选编》中，中央文献出版社2021年版，第118页。

面。"对党忠诚，不是抽象的而是具体的，不是有条件的而是无条件的，必须体现到对党的信仰的忠诚上，必须体现到对党组织的忠诚上，必须体现到对党的理论和路线方针政策的忠诚上。"①塞罕坝建设者以高度的政治责任感、踏实勤恳的工作作风，践行对党的绝对忠诚。

塞罕坝建设者始终忠诚于党的信仰。人们所处的经济政治文化地位不同，树立的理想信念也不同，不存在各阶级都信奉的超阶级的理想。剥削阶级的理想是为巩固私有制政权服务，目的是掠夺被剥削阶级的物质利益和争取支配性的政治权利。为了维护阶级利益、麻痹劳动人民的反抗意志，统治阶级惯于利用宗教信仰遮蔽现实的联系，禁锢人们的思想，误导人们的行为方向。中国共产党的理想信念建立在对马克思主义的深刻理解之上，建立在对共产党执政规律和社会主义建设规律、人类社会发展规律的深刻把握之上，并浸润在真挚的民心民情民意之中。"革命理想高于天。共产主义远大理想和中国特色社会主义共同理想，是中国共产党人的精神支柱和政治灵魂，也是保持党的团结统一的思想基础。"②塞罕坝建设者牢固树立马克思主义的世界观、人生观、价值观，以维护最广大人民群众的根本利益为价值旨归，以促进每个人的自由全面发展为根本目标，以全心全意为人民服务为根本宗旨，并积极投身人与自然和谐共生的现代化建设事业。

受帝国主义掠夺和长期战争的影响，新中国成立之初我国的经济状况极为落后，生态环境破坏严重，水土流失问题突出、洪涝灾害

---

① 《习近平谈治国理政》第二卷，外文出版社 2017 年版，第 189 页。
② 《习近平著作选读》第二卷，人民出版社 2023 年版，第 52 页。

频繁、风沙危害严重，给社会主义生产带来严峻挑战。社会主义制度的确立极大地激发了广大人民群众建设社会主义的热情，也坚定了塞罕坝建设者对共产主义的信仰。对于塞罕坝建设者而言，植树造林、绿化荒漠是共产主义信仰的具体体现。正是因为确立了共产主义信仰，他们选择了到祖国最需要的地方工作，到祖国最艰苦的地方奉献，努力克服自然环境和社会环境的双重挑战。在国家利益和人民生命财产安全受到侵害或遇到危险时，塞罕坝建设者总是将个人安危置之度外。1981年春天，三道河口分场党支部书记卢承亮在踏着冰面过河时，冰面突然崩塌，连人带马一起掉进冰槽子里。河水冰冷刺骨，浸湿了棉衣，根本无法游动。他不顾脚伤和个人安危，使出全身力气首先将马推上了岸，自己好不容易才得以脱险。[①]塞罕坝建设者心系这块土地，眷恋这片绿林，用智慧和汗水经营着绿色家园。原林业部副部长刘琨、塞罕坝林场的老书记王尚海选择将骨灰播撒在塞罕坝林场的苍翠林海，用生命的最终形态滋润树木生长。塞罕坝建设者将人生最美好的年华在这里播撒，有的人甚至牺牲在工作岗位上。北曼甸分场施工员齐新民在给场部运送粮食时遇险，在生命的最后一刻所想的是尽力将粮食和蔬菜背到河岸。最后，他被洪水卷走，身上只剩下一件未婚妻织的毛衣，牺牲时手里还紧紧地攥着毛驴的缰绳。[②] 2005年，一位工人清理水井时遇险，三道河口林场场长王凤鸣奋不顾身跳井救人，不幸以身殉职。[③]一代又一代塞罕坝建设者牢固树立大

---

① 参见赵云国：《塞罕坝创业英雄谱》，河北人民出版社2019年版，第135—136页。
② 参见赵云国：《塞罕坝创业英雄谱》，河北人民出版社2019年版，第155—156页。
③ 参见庞超：《牢记使命铸丰碑——塞罕坝精神内核解析》，《河北日报》2017年9月2日第3版。

局意识，自觉选择到塞罕坝来"吃苦"，坚守对党的绝对忠诚，始终将人民群众的生命财产安全和国家安全放在第一位，全力为社会主义事业贡献力量。

塞罕坝建设者始终坚持对党组织和党的路线方针政策的忠诚。中国共产党是最高政治领导力量，中国共产党领导是中国特色社会主义制度的最大优势。"对党绝对忠诚要害在'绝对'两个字，就是唯一的、彻底的、无条件的、不掺任何杂质的、没有任何水分的忠诚。"①党的力量来自组织，对党员的教育、管理和监督，党的领导的全面实现，党的路线、方针和政策的贯彻和执行都要依靠党的组织体系来实现。坚持对党组织的忠诚，要求坚决维护党中央的权威和集中统一领导，严守政治纪律和政治规矩，始终在思想上政治上行动上同党中央保持高度一致，坚定不移贯彻落实党中央的方针政策和重大决策部署。在建场初期，塞罕坝的条件异常艰苦，既不适合树木存活，也不适合人类生存。可以说，到塞罕坝植树造林要承受巨大的生存压力和精神压力，存在较大的不确定性。塞罕坝建设者完全可以选择到生活更舒适的地方，发展风险更小的地方工作。然而，基于地理位置、地形地貌等因素的考量，如果能够在塞罕坝地区植树成功，会对京津生态安全具有极好的效果。塞罕坝首批建设者们坚定政治立场、政治信仰，积极响应党和国家号召，自觉服从组织安排，献身林业、无怨无悔、鞠躬尽瘁，谱写了一个又一个感人至深的故事。王尚海原是承德地区农业局局长，对沙尘暴的危害有深刻体会，他积极配合组织动员，勇担植树造林重任。王尚海说："坝上不造林，受害的咱

---

① 《十八大以来重要文献选编》中，中央文献出版社 2016 年版，第 197 页。

县是首当其冲，而且要影响承德、北京。这一点咱比谁都明白。这次地委决定让我去坝上，我看选对了。艰苦是肯定的，可是咱不去受苦让谁去呢！我后半辈子就在坝上拼了。"[1]建场之初，人心不稳，为了安定军心、鼓舞士气，王尚海主动交出承德市区的房子，把妻子和5个孩子带上了塞罕坝。塞罕坝机械林场首任技术副场长张启恩，1944年毕业于北京大学农学院林学系，新中国成立后担任原林业部造林司工程司。妻子张国秀和他是大学同学，在中国林科院植物遗传研究所工作。为了扎根林场干出一番事业，夫妻二人放弃了北京的工作和舒适生活，孩子们分别从北京的幼儿园和小学转到坝上的复式班。[2]塞罕坝建设者坚持共产主义的信仰，忠于初心使命、忠于党和人民的事业，并带动教育了一批人。第二代塞罕坝建设者的使命是将塞罕坝的林木守护好、经营好，将塞罕坝精神传递下去。尽管塞罕坝的林木种植已经达到一定规模，但是塞罕坝的自然环境和社会环境还是非常艰苦，所要面临的营林护林任务仍然非常艰巨。塞罕坝人在这里落地生根，所思所想、所言所行都围绕植树造林进行。"林场科研所老所长戴继先是恢复高考后的第一届大学生，他曾带领科研人员攻克了很多技术难题。多年的超负荷工作让他积劳成疾，52岁就因病离世。临终前，他埋怨家人说：'你们真应该早点告诉我真实病情，我还有很多工作没有做完，还有许多事情没有交代。'儿子跪在他床头哭着

① 政协围场满族蒙古族自治县委员会编委会：《围场文史资料（第8辑）》，2006年，第185页。
② 参见马彦铭：《坚韧的"特号锅炉"——追记塞罕坝机械林场首任技术副场长张启恩》，《河北日报》2017年7月15日第1版。

说，爸，放心吧，您没干完的事，我接着干！"①塞罕坝建设者的坚守既是对共产主义的信仰、对中国共产党的忠诚，也是一种爱国主义情怀。进入新时代以来，塞罕坝第三代建设者不断增强政治意识、大局意识、核心意识、看齐意识，坚持将党的全面领导制度贯彻到塞罕坝林业建设的各个方面，为提高塞罕坝的森林质量不断贡献智慧和力量。他们牢记使命、敢于担当，深入学习贯彻习近平生态文明思想，切实把党中央关于生态文明建设的各项决策部署落实好，致力于满足人民群众对优美生态环境和优质生态产品的迫切需要。总之，塞罕坝建设者内心所坚守的使命是塞罕坝精神的灵魂，体现了塞罕坝建设者的政治品格，是塞罕坝绿色事业能够延续的力量源泉。

**（二）久久为功的执着信念**

习近平总书记指出："全党全社会要坚持绿色发展理念，弘扬塞罕坝精神，持之以恒推进生态文明建设，一代接着一代干，驰而不息，久久为功，努力形成人与自然和谐发展新格局，把我们伟大的祖国建设得更加美丽，为子孙后代留下天更蓝、山更绿、水更清的优美环境。"②生态文明建设只有进行时，没有完成时。驰而不息、久久为功是一种持之以恒、锲而不舍的精神，表达的是对理想信念的执着和坚守，蕴含着功成不必在我、功成必定有我的德行修养，强调接续性的努力和坚持，是塞罕坝建设者最鲜明的精神品质之一。

久久为功体现的是坚守初心使命，锚定目标不动摇，扛起责任

---

① 《大力学习弘扬塞罕坝精神　加快建设经济强省美丽河北——塞罕坝机械林场先进事迹报告会发言摘登》，《河北日报》2019 年 10 月 27 日第 4 版。
② 《习近平谈治国理政》第二卷，外文出版社 2017 年版，第 397 页。

不放松。"靡不有初，鲜克有终。"任何伟大事业都需要坚定信念作支撑，必须心无旁骛、始终不渝，如果意志不坚定、朝令夕改，必定一事无成。半个多世纪以来，一代又一代塞罕坝建设者响应党和国家的绿色召唤，牢记"为首都阻沙源，为京津涵水源"的历史使命，坚决扛起绿化祖国、建设美丽中国的神圣责任，栉风沐雨初心不改，面对艰难险阻在所不辞，无论顺境还是逆境始终不渝。面对高寒、高海拔、大风、沙化、少雨的自然环境和缺衣少食的生活条件，塞罕坝建设者没有抱怨、没有退缩；面对离群索居的孤寂、具体工作内容的枯燥乏味以及野外作业的高强度、高风险，塞罕坝建设者没有逃避、没有迟疑；面对连续性的造林失败以及雨凇、干旱、虫害的残酷打击，塞罕坝建设者没有动摇、没有被击垮；面对"文革"期间来自身体和精神的双重折磨，塞罕坝建设者没有停顿、没有放弃；面对改革开放和市场经济条件下分配方式、利益关系、就业方式的多样化趋向以及思想文化领域的激荡和碰撞，塞罕坝建设者没有徘徊、没有犹疑；面对21世纪生态文明建设的新形势、新任务、新挑战，塞罕坝建设者不忘初心、秣马厉兵、砥砺奋进，不断展现新担当新作为，为京津筑起坚实的生态屏障。

久久为功体现的是坚守初心使命，接续奋斗、持续发力。"一切伟大成就都是接续奋斗的结果，一切伟大事业都需要在继往开来中推进。"[①]高原植树是一项挑战性很强的工作，规模大、周期长、不确定性高，不可能立竿见影。从空间上看，塞罕坝的造林事业涉及京津

---

① 《习近平总书记在出席庆祝中华人民共和国成立70周年系列活动时的讲话》，人民出版社2019年版，第3—4页。

冀等区域民众的环境权益，如果能够造林成功则受益广泛。然而，塞罕坝的很多地方坡度过高不适合机械作业，要实现100多万亩的造林目标对于300多人的造林队伍来说工程是非常浩大的。从时间上看，植树造林事业本身是造福千秋万代的伟大事业，不是一个人或几个人能完成的事业，更不是短时间内能做到的，需要接续奋斗、持续发力。塞罕坝林场种植的主要树种为落叶松、樟子松、云杉等树木，成材周期一般需要15年以上。生态文明建设不是简单的荒山复绿，而是生态系统的恢复和重建，因此需要更长周期的努力和投入。塞罕坝建设者将植树造林当作毕生追求，以功成不必在我的胸襟，发挥爬冰卧雪、以苦为乐的精神，坚定信仰、埋头苦干、甘于奉献，用执着和毅力对抗困难和挫折，用青春和热血呵护每一棵树苗的成长，战胜了一个又一个挑战，破解了一个又一个难题。一代又一代的塞罕坝建设者肩负起绿色使命，将个人理想融入社会理想，将个人发展熔铸到党和人民的事业之中，并将这种信念传递下去，才有了塞罕坝林场的伟大超越。

### （三）一心为民的奉献精神

习近平总书记在党的十九大报告中指出："人民是历史的创造者，是决定党和国家前途命运的根本力量。"[①]守初心，担使命，要始终坚持人民的主体地位，以人民的立场为根本政治立场，以不断满足人民对美好生活的向往为根本追求。坚持以人民为中心，必须坚持党密切联系群众的显著优势，认真倾听人民群众的心声，全面反映

---

① 习近平：《决胜全面建成小康社会 夺取新时代中国特色社会主义伟大胜利——在中国共产党第十九次全国代表大会上的报告》，人民出版社2017年版，第21页。

人民群众的诉求，真诚关心人民群众的疾苦，顺应人民群众的期待，切实解决人民群众最关心最现实最紧迫的利益诉求。要全面把握人民群众需要的时代特点和具体的演变规律，创设更加公平正义的社会环境，使生态文明建设的成果更好地惠及广大人民群众，不断增强人民群众的获得感、幸福感、安全感。

塞罕坝林场以满足人民群众的真正需要为根本出发点和归宿。"任何人如果不同时为了自己的某种需要和为了这种需要的器官而做事，他就什么也不能做。"[1] 随着生产力的发展和社会的进步，人的需要会不断发展变化，并推动社会历史的演进发展。塞罕坝建设者牢记使命，以不断满足人民群众的真正需要为出发点和归宿，逐步推动林业建设步上新台阶。20世纪60年代，京津冀地区人民饱受风沙侵袭，生产生活秩序受到严重干扰。塞罕坝林场以改善京津冀地区人民群众的生产和生活环境为根本宗旨，通过植树造林、防风固沙等措施，大大减缓了风沙侵蚀。进入21世纪以后，资源环境问题日益突出，对人们的生产、生活质量和身体健康构成了极大威胁。塞罕坝林场立足于人民群众的现实需要，推动林业建设从木材生产向生态建设转型，从林木经营向森林经营转型。进入新时代，人民群众的需要从"物质文化需要"转化为"日益增长的美好生活需要"。塞罕坝林场致力于满足人民群众对优质生态产品和优美生态环境的需要，着力加强生态文明建设，全面提升绿色发展的水平，努力顺应人民群众的新期待。

塞罕坝林场以人民群众最关心最直接最现实的利益问题为抓手，

---

[1]　《马克思恩格斯全集》第三卷，人民出版社1960年版，第286页。

注重保障和改善民生。群众利益无小事，牢记使命必须把增进民生福祉，提高人民群众生活质量作为发展的根本目的。"我们要坚持以人民为中心的发展思想，抓住人民最关心最直接最现实的利益问题，不断实现好、维护好、发展好最广大人民根本利益，努力使全体人民学有所教、劳有所得、病有所医、老有所养、住有所居。"①塞罕坝林场成立之初，尽管气候恶劣、缺食少房、医疗条件差、交通不便，但是林场的领导干部处处为职工着想，竭尽所能帮助职工解决各种生活困难，与全体职工同甘共苦、携手共建，因此赢得林场职工的信任和支持。经过几十年的努力，塞罕坝林场的森林资源大幅度增长，可持续发展能力显著增强。"林场拿出经营收入2亿多元，实施了职工安居工程、标准化营林区改造工程等工程，对基础设施全面改造提升。"②通过多措并举推进民生工程，使得医疗、住房、通信、交通逐步改善，促进住房难、上学难、就医难等民生难题有序破解。林场坚持发展为了人民、发展依靠人民、发展成果由人民共享，促进职工获得感、幸福感和安全感的稳步提升。同时，塞罕坝林场立足森林资源优势，充分发挥示范引领作用，通过驻村帮扶、设置就业岗位、提供技术支持等举措，推进苗木生产、生态旅游、林下经济、养殖业等产业发展，助力脱贫攻坚、乡村振兴，使周边4万多人民群众受益，2.2万人口实现脱贫，荣获全国脱贫攻坚楷模称号。从致力于减少华北的风沙危害、关切林场职工的民生问题到助力周边地区人民群众共同

---

① 习近平：《在学习〈胡锦涛文选〉报告会上的讲话》，人民出版社2016年版，第12页。

② 孙阁：《塞罕坝，牢记使命，书写绿色发展传奇》，新华网 http://www.xinhuanet.com/politics/2018-10/01/c_1123495517.htm。

富裕，塞罕坝林场始终心系人民群众疾苦，切实维护人民群众根本利益，不断创造条件满足人民群众的现实需求。

### （四）复兴路上的爱国情怀

习近平总书记指出："祖国的命运和党的命运、社会主义的命运是密不可分的。只有坚持爱国和爱党、爱社会主义相统一，爱国主义才是鲜活的、真实的，这是当代中国爱国主义精神最重要的体现。"[1]中华民族在五千多年的历史长河中孕育了团结统一、爱好和平、勤劳勇敢、自强不息的爱国主义传统，并熔铸在中华民族的精神血液中。在中华民族的伟大实践中，爱国主义发挥了巨大的感召力和凝聚力，构筑起中华民族的脊梁，激励着中国人民克服一切艰难险阻、奋勇向前。"实现中华民族伟大复兴的中国梦，是当代中国爱国主义的鲜明主题。"[2]中国共产党自成立起就肩负起实现中华民族伟大复兴的历史使命，同时也是爱国主义精神最坚定的弘扬者和实践者。对于塞罕坝建设者而言，守初心、担使命既是对中国共产党和中国人民的忠诚，也是对中华民族爱国主义精神的信守和传承。

塞罕坝建设者用实际行动诠释了对祖国山河的热爱。爱国主义体现了人民群众对祖国的深厚感情，反映了个人对祖国的依存关系。个人在祖国的地理环境、物质资源、历史文化的滋养中成长，同样个人也有责任有义务捍卫祖国的完整统一，有责任爱护祖国的山川河流、物质资源和历史文化。历史上的塞罕坝是名副其实的"美丽的高

---

[1]　《习近平在中共中央政治局第二十九次集体学习时强调 大力弘扬伟大爱国主义精神 为实现中国梦提供精神支柱》，《人民日报》2015年12月31日第1版。

[2]　《习近平关于全面建成小康社会论述摘编》，中央文献出版社2016年版，第123页。

岭"，由于乱砍滥伐和连年山火而退化为沙地荒原、黄沙漫漫。三代塞罕坝人守初心、担使命，用青春培植绿色，用心血和生命浇灌沙地，将昔日飞鸟不栖、黄沙遮天的荒原变成百万林海，让绿色明珠重新绽现绚丽光彩。他们以绿色担当使祖国山河变得更加壮丽，用实际行动诠释了对祖国的深沉热爱，并将这种爱国主义情怀熔铸于塞罕坝的精神基因和思想灵魂。

塞罕坝建设者的爱国主义情怀蕴含了对中国共产党和中国特色社会主义的拥护和支持。爱国主义并不是抽象的，而是具体的。在生产资料公有制的条件下，国家一切权力属于人民，爱国主义体现为人们对国家政权和社会制度的真诚热爱。对于塞罕坝建设者而言，爱国主义集中表现为对中国共产党，对建设社会主义以及对发展中国特色社会主义事业的强烈认同。中国共产党领导中国人民建立了新中国，确立了社会主义制度。中国共产党是中国特色社会主义事业的坚强领导核心，中国共产党的领导是实现中华民族伟大复兴的根本保证。塞罕坝人始终坚持中国共产党的领导核心地位，听从党的召唤在高寒沙地上艰苦创业、无私奉献；坚定理想信念，自觉做共产主义远大理想和中国特色社会主义共同理想的信仰者和践行者，坚持不懈植树造林护林；不折不扣地执行党的路线方针政策，矢志不渝、持之以恒推进生态文明建设；树立社会主义核心价值观，锤炼了牢记使命、艰苦创业、绿色发展的塞罕坝精神。

### 三、牢记使命是塞罕坝林场的精神支柱

一个政党只有具备远大理想和崇高追求，才能坚持正确的政治方向，保持清醒的头脑，成功地应对各种风险和考验。"对马克思主义的信仰，对社会主义和共产主义的信念，是共产党人的政治灵魂，是共产党人经受住任何考验的精神支柱。"[①]正是这种崇高的理想信念激发了中国共产党人百折不挠、坚韧不拔的奋斗精神，引领中国人民经过了28年的浴血奋战、70多年艰苦卓绝的建设历程，迎来了从站起来、富起来到强起来的伟大飞跃。塞罕坝建设者的理想信念是忠诚于中国共产党的领导，坚决完成党交给的神圣任务，让这片荒原换上绿装。

#### （一）引领奋斗的方向

只有坚定理想信念，牢记初心使命，才能铸就更高的思想起点，鼓舞激涌不竭的精神动力。习近平总书记在庆祝中国共产党成立95周年大会上强调："一切向前走，都不能忘记走过的路；走得再远、走到再光辉的未来，也不能忘记走过的过去，不能忘记为什么出发。面向未来，面对挑战，全党同志一定要不忘初心、继续前进。"[②]塞罕坝人的初心和使命在人类认识、利用、改造和适应自然界的过程中孕育萌发，在中华民族的苦难中挣扎唤醒，在中国共产党领导中国人民建设社会主义事业的伟大实践中淬炼升华。塞罕坝林场主要担负着为首都阻沙源、为京津涵水源以及维护周边地区生态安全的重要使命，同

---

① 《十八大以来重要文献选编》上，中央文献出版社2014年版，第80页。

② 《习近平关于全面从严治党论述摘编》，中央文献出版社2016年版，第69页。

时也要为经济社会发展汇聚力量。初心和使命是林场领导班子团结全体职工共同奋斗的思想旗帜，为塞罕坝建设者明确了奋斗的目标和前进方向。

塞罕坝林场始终听从党的召唤，坚定党的路线方针政策，遵循党中央的统筹部署，积极满足人民的现实需求，制定了不同历史阶段的奋斗目标和行动纲领。1962年2月，林业部下达文件《关于河北省承德专区围场县建立林业部直属机械林场的通知》，决定正式成立林业部直属的塞罕坝机械林场，明确提出了四项建场任务：（1）建成华北大面积用材林基地，生产中小径级用材；（2）改变当地自然气候，保持水土，为改变京津地带风沙危害创造条件；（3）研究积累高寒地区大面积造林和育林的经验；（4）研究积累大型国有机械林场经营管理的经验。[①]1962—1982年，塞罕坝林场以大规模植树造林为主，通过不断研究实践，攻克了一道道技术难关，超额完成建场时国家下达的造林任务，在沙地荒原上共造林96万亩，总计3.2亿余株，保存率70.7%，创下当时全国同类地区保存率之最，为京津筑起绿色屏障。[②]1983—2010年，面对改革开放的时代机遇，塞罕坝林场逐步改革生产方式和营造林模式，开始走"育、护、造、改相结合，多种经营，综合利用"之路。期间森林总覆盖率达到80%，林木总蓄积量达到1012万立方米。[③]进入新时代以来，以习近平同志为核心的党中央以前所未有的决心和力度推进生态文明建设，深入推进京津

---

① 参见朱悦俊、段宗宝：《美丽塞罕坝》，天地出版社2019年版，第48页。
② 参见孙阁：《塞罕坝林场的三次发展变革》，《中国绿色时报》2018年9月5日第1版。
③ 参见孙敏茹、郭玲玲、闫学武、王金成：《塞罕坝机械林场气候因子变化与当地林业发展的关系》，《河北林业科技》2013年第5期。

冀协同发展，为塞罕坝的快速发展创设了良好的政策环境。党的十九大明确将我国的社会主义现代化奋斗目标从"富强、民主、文明、和谐"进一步拓展为"富强、民主、文明、和谐、美丽"，勾勒了新时代的宏伟蓝图。塞罕坝人作为新时代生态文明建设的先驱，主动扛起政治责任，积极探索林业发展模式的转变，致力于将生态优势转化为发展优势，不断筑牢生态安全屏障。下一步，赛罕坝建设者将继续弘扬塞罕坝精神，开启"二次创业"新征程，在深化国有林场改革、推动绿色发展、增强碳汇能力、加强林业科研等方面进行探索，努力推动森林质量的精准提升，全力开创高质量发展新篇章。塞罕坝林场坚持阶段性目标与总体目标相统一，精准定位每一个阶段的发展任务，科学明确发展基点和前进方向。在总体目标和阶段性目标的引领下，塞罕坝建设者将继续发扬攻坚克难、苦干实干的精神，勇敢面对前进道路上的各种困难和挑战，必将成就绿色发展史上的另一番伟业。

**（二）激发奋斗的意志**

理想信念不仅影响个人的成长进步，而且关乎政党、民族、国家的前途命运。在物质条件极度匮乏、自然环境极其恶劣的情况下，理想信念的作用有时更加突出。邓小平同志指出："光靠物质条件，我们的革命和建设都不可能胜利。过去我们党无论怎样弱小，无论遇到什么困难，一直有强大的战斗力，因为我们有马克思主义和共产主义的信念。有了共同的理想，也就有了铁的纪律。无论过去、现在和将来，这都是我们的真正优势。"[1]塞罕坝建设者的理想信念凝结成为人民改善生产和生活环境的初心以及将祖国建设得更加繁荣昌

---

[1]　《邓小平文选》第三卷，人民出版社1993年版，第144页。

盛的使命，反过来也为塞罕坝建设者砥砺奋进提供精神支撑。

坚定的初心和使命可以增强克服困难的勇气。1949年，新中国在满目疮痍、一穷二白的基础上艰难起步，同时要面对西方国家的政治孤立、经济封锁和军事威胁。1959—1961年，中国经历了三年经济困难时期，粮食大幅度减产，副食品严重短缺，遭遇了严重的饥荒。塞罕坝林场正是在国民经济极其困难的状况下起步，所面对的困难挑战可见一斑。此外，高寒、高海拔、风沙肆虐的恶劣自然环境使得植树造林的难度大大增加，尤其是连续性的造林失败给塞罕坝的创业队伍造成巨大的心理压力。1963年冬天，从张家口林业干部学校毕业的孟继芝在完成防火瞭望工作返回林场的途中被暴风雪冻僵，不得不双腿截肢。为了赶上造林作业进度，曾祥谦在修链轨车时被打掉门牙，仍然没有放下工作。失败、挫折以及创业路上的创伤，不断考验着塞罕坝人的生存意志、业务能力。塞罕坝的特殊地理位置决定了其对首都、天津乃至华北地区防风固沙的重要性，关系着全国林业工作发展大局。在初心和使命的引领下，塞罕坝建设者最终坚持下来，而塞罕坝的功勋树就是指引塞罕坝建设者的精神灯塔。正如刘琨所说："这棵松树少说有150多年，它是历史的见证、活的标本，证明塞罕坝上可以长出参天大树。今天有一棵松，明天就会有亿万棵松。"[①]功勋树就是信念之树，给予塞罕坝建设者战胜一切困难的勇气和力量。塞罕坝建设者肩负起为首都阻沙源、为京津涵水源的使命追求，以功成不必在我的胸襟和功成必定有我的历史担当，积极投入到植树造林、

---

① 潘文静、段丽茜、李巍：《用生命书写绿色传奇——塞罕坝机械林场三代人55年艰苦奋斗造林纪实》，《河北日报》2017年6月26日第1版。

绿化荒原的伟大战斗中。

### （三）提升奋斗的境界

初心使命是联结社会共同体成员的重要纽带，坚守初心使命有助于提高共同体成员奋斗的精神境界。近代以来，当中华民族深陷于帝国主义侵略和封建主义压迫的境况之下，无数志士仁人为挽救民族危亡夙兴夜寐、上下求索。农民阶级领导的太平天国运动、义和团运动，资产阶级维新派领导的早期维新运动、戊戌变法运动，资产阶级革命派领导的辛亥革命最终都失败了，只有中国共产党真正为深处黑暗当中的中国人民带来新的希望。从北伐战争、土地革命战争、抗日战争到解放战争，都是在敌强我弱、极端困难的情况下完成的。"红米饭南瓜汤""小米加步枪"是中国共产党艰苦战斗的生动写照，中国共产党的革命史是一部荡气回肠的英雄史诗。归根结底，共产主义信仰的强大精神力量和人民群众的信任支持是中国共产党取得胜利的精神支柱，而这些经验和智慧作为中国共产党的伟大精神财富得以延续传递。

塞罕坝建设者牢记使命，在继承和发扬党的优良革命传统和作风的基础上创造了荒原变林海、沙漠成绿洲的奇迹。荒漠化是全球最为严重的生态环境问题之一，对人类生存和发展构成严重威胁。20世纪50年代到70年代，全国干旱半干旱地区沙化土地面积平均每年扩大1500平方千米。到20世纪90年代，平均每年扩展2460平方千米，相当于一年损失一个中等县的耕地面积，每年因此造成的损失达540亿元，直接受荒漠化影响的人口达5000多万人。西北、华北、东北每年有2亿多亩农田受风沙灾害，有15亿亩草原因此而严重退化，全国有九成天然草原退化，每年还以200万公顷的速度扩展。[①]无论从国家层面还是人类发展的全局来看，荒漠化问题所带来的影响都是极糟糕的。一方面，风沙淤积河道、抬高河床，容易酿成水旱灾害；另一方面，风沙肆虐掩埋农田、草场、房屋、村舍、道路，经常导致人畜伤亡，给人民生产生活造成极大损害。在新中国经济极其困难的状况下，解决这一问题的主观条件和客观条件都是不充分的。即使如此，党和国家领导人仍时刻心系人民群众安危，在困难和挑战面前从不让步，将植树造林和水土保持工作摆在非常重要的战略位置上。毛泽东同志一直忧心黄河水患，明确提出"要把黄河的事情办好"。1951年，在讨论华北农业生产和抗灾情况报告时，周恩来同志指出："在未经过大造林、大水利等工作之前，水旱灾害是难以避免的。中国这样大，发展又不平衡，有些地方人多地少，有些地方人少地多；有些地方水量多，有些地方水量少。要改变这种情况，要完全摆脱或基本上摆脱自然灾害，必须经过长期斗争才行。"[②]党和国家的号召坚定了塞罕坝建设者植树造林的决心信心和绿化荒原的奋斗意志，引领着塞罕坝建设者的创业方向。从小处看，植树造林关系着人民群众的生命财产安全；从大处着眼，植树造林关系着中华民族的伟大复兴，关系着共产主义伟大事业能否顺利实现。伟大精神推进伟大事业，对共产主义的信仰进一步激发了塞罕坝建设者的爱国主义情怀。塞罕坝建设者深刻认识到植树

---

① 参见曾令锋等编著：《自然灾害学基础》，地质出版社2015年版，第43页。
② 《中国水利年鉴》编辑委员会编：《中国水利年鉴1998》，中国水利水电出版社1998年版，第482页。

造林、绿化祖国对推动经济社会发展以及增进人民福祉的重要意义，将满足人民群众的根本利益作为最高的价值追求，将无私奉献作为基本行为准则。他们将为祖国建设新林区，治理风沙危害作为实现人生价值的重要途径，并为此贡献青春和热血。无私奉献的背后往往是个人利益的牺牲和家庭责任的缺失，因为大雪封山，王尚海的小儿子发高烧转成了小儿麻痹，落下终身残疾；塞罕坝林场原场长郭玉德、周秀珍夫妇因为忙于春季造林，一再贻误孩子的病情，导致小儿子得了败血症；三道河口分场党支部书记石怀义、大唤起林场团支部书记卢承亮因为忙于工作，在妻子分娩时都不能守护在旁……第一代塞罕坝人大多是大中专毕业生，可以说汇集了当时较高水准的知识英才。然而，由于塞罕坝林场当时的教育条件比较落后，第一代塞罕坝建设者的子女没有一个考上大学，并影响了后续的就业。塞罕坝创业之初所面临的困境是难以想象的，然而正是这些困难和挫折才让我们看到塞罕坝精神的光辉夺目。因为有了塞罕坝人抛家舍业的慷慨付出，才有了塞罕坝林场的无限未来。坚守初心使命提升了塞罕坝建设者的精神境界，激发了塞罕坝建设者不懈奋斗的情怀和勇气。

**（四）凝聚奋斗的力量**

坚守初心使命能够激发塞罕坝建设者的奋斗意志，凝聚共同奋斗的磅礴力量。在一定条件下，精神力量可以转化为物质力量，并对社会发展产生深刻影响。"批判的武器当然不能代替武器的批判，物质力量只能用物质力量来摧毁；但是理论一经掌握群众，也会变成物质力量。理论只要说服人，就能掌握群众；而理论只要彻底，就能说服人。所谓彻底，就是抓住事物的根本。而人的根本就是人本身。"①
马克思主义理论之所以能够说服人，并产生强大的物质力量，是由马
克思主义理论本身的科学性和先进性决定的。马克思主义是关于无产
阶级争取自身解放和整个人类解放的科学理论，具有革命性、实践
性、科学性，始终聚焦并着力解决人民群众关注的重大现实问题，蕴
含着最崇高的精神追求。同时要清醒地认识到，共产主义信仰必须在
经济社会高度发达的基础上才能实现，需要经过长期、艰巨、复杂的
实现过程。共产主义信仰的实现不是一蹴而就的，更不是某个人的力
量能够完成的，必须赢得人民群众的信任和支持。

开展植树造林、水土保持运动是中国共产党的一项伟大创造，充
分体现了共产主义信仰的科学性和社会主义制度的强大政治优势。
早在革命战争时期，中国共产党就已经认识到植树造林具有多重效
益。1932年，中华苏维埃共和国临时中央政府人民委员会第十次常
委会通过《人民委员会对于植树运动的决议案》明确指出："为了
保障田地生产，不受水旱灾祸之摧残，以减低农村生产，影响群众
生活起见，最便利而有力的方法，只有广植树木来保障河坝，防止
水灾旱灾之发生，并且这一办法还能保护道路，有益卫生，至于解
决日常需用燃料（如木柴木炭）之困难，增加果物生产，那更是与
农民群众有很大的利益"②。也就是说，植树造林与人民群众的生产
生活密切相关，具有普遍性意义。同时，植树造林、水土保持是一
项全国性、艰巨性的工作，必须依靠群众的广泛参与。"据说治理

---

① 《马克思恩格斯文集》第一卷，人民出版社2009年版，第11页。
② 《人民委员会对于植树运动的决议案》，《江西社会科学》1981年第S1期。

每平方公里就需要6000—7000工，这样看来，离开群众的力量，水土保持工作是绝对做不好的。"[1] 要实现植树造林、防风固沙的宏伟目标，必须充分调动每个成员的积极性，集结全体社会成员的智慧和力量。塞罕坝林场高度重视理想信念教育，注重通过思想动员引导广大职工增强责任感和使命感，大大振奋了塞罕坝建设者的意志和力量。他们接力成为林场建设的主力军，赓续传承共产主义信仰和红色基因，积极适应生态文明建设的新要求，不断优化育苗栽植、树种结构，持续推进森林生态系统质量和稳定性的提升。

　　共同体是人类社会存在的基本方式，是人类社会汇聚智慧和力量的重要形式。"只有在共同体中，个人才能获得全面发展其才能的手段，也就是说，只有在共同体中才可能有个人自由。"[2] 维系共同体存在的纽带不仅有血缘、利益，还有精神文化、理想信念等。只有社会成员对共同体的思想体系、政治立场、价值取向、发展目标有比较充分的认知和认同，才能为谋取共同体的利益而努力奋斗。一般而言，个体的激情是短暂的精神波动，只有融入集体的共同追求，汇入人类社会发展的洪流才能转化为持久性的精神力量。对共产主义的忠诚，对植树造林、绿化荒漠的使命担当，将塞罕坝建设者紧密联系在一起。在塞罕坝林场的组织体系中，领导班子发挥了定海神针的作用，在林场的发展过程中扮演着非常重要的角色。党的路线方针政策要通过领导班子组织贯彻，领导干部的理想信念直接影响整个集体的思想状况。塞罕坝林场的第一代领导班子主要由以下成员组成：党委

---

[1] 《原党和国家领导人对水土保持工作的指示摘编》，《中国水土保持》2000年第2期。
[2] 《马克思恩格斯文集》第一卷，人民出版社2009年版，第571页。

书记王尚海、场长刘文仕、技术副场长张启恩、副场长王福明。在塞罕坝林场创业的关键时刻，领导班子主动放弃城市的舒适生活，带头把家从承德、北京等城市搬到了塞罕坝，向全体职工传递了坚强的信念。在共同理想信念的引领之下，在党和国家的坚强领导下，在塞罕坝林场领导集体的科学带领下，塞罕坝人上下一心、团结一致，组成了一个感天动地的英雄群体。选择塞罕坝就是选择了艰苦奋斗、无私奉献，从林场领导干部、技术人员、普通职工到后勤人员，只要造林需要全部都会争先奔赴第一线。从369个创业战士到新时代塞罕坝人杨丽、刘纪建、李晓靖、刘鑫洋……，他们怀揣着共同的理想信念，守护着共同的森林家园。塞罕坝建设者保持着对初心的执着和坚守，胸怀强烈的使命担当精神，饱含着真挚的为民情怀，深深震撼了围场县的干部群众，并得到了广大人民群众的信任和支持。1977年10月，塞罕坝机械林场遭受了一次罕见的雨凇灾害。党和政府永远是塞罕坝的靠山。为了支援抗灾，河北省政府一次性调拨给塞罕坝机械林场汽车100辆，并批准一次性招收林业工人500名。千余名塞罕坝人动用这批汽车清理倒伏死亡的树木，整整干了三年。① 总之，坚定的初心使命使塞罕坝建设者始终保持统一的思想、坚定的意志，紧紧凝聚在一起，形成具有强大战斗力的共同体。在初心使命的感召下，塞罕坝人选择了这片荒原，并改变了这片荒原。

---

① 参见冯小军、尧山壁：《绿色奇迹塞罕坝》，河北教育出版社2018年版，第237页。

## 四、坚守初心使命，做新时代的追梦人

一部塞罕坝的创业历史，就是一部坚守初心使命，完成宏伟造林事业的当代英雄史诗。塞罕坝建设者听从党的号召，时刻牢记"为首都阻沙源、为京津涵水源"的神圣使命，用青春呵护绿色，用生命浇灌荒原，再次印证了共产主义信仰的强大力量。共产主义不是虚无缥缈的海市蜃楼，是消灭现存状况的现实的运动。弘扬塞罕坝精神，必须保持对党和人民的绝对忠诚，对共产主义的忠贞，以高度的理论自觉和行动自觉投入到人与自然和谐共生的现代化建设事业当中。

### （一）坚持学习和实践马克思主义

初心和使命根植于深层次的信念系统，是社会主义核心价值体系的更高层次凝练和表达。只有坚守初心和使命，才能始终保持永不懈怠的精神状态和锐意进取、一往无前的奋斗姿态。在塞罕坝建设者身上，我们看到了坚守初心使命所蕴藏的强大力量。半个多世纪以来，塞罕坝人始终听从党的号召，忠实履行植树造林的神圣职责，无限忠诚于党和人民的事业，创造了为世人所惊叹的成就。新中国的成立和社会主义制度的确立，为重建人与自然的关系，解决塞罕坝的生态问题奠定了根本条件。1952年12月，周恩来同志签发了政务院《关于发动群众继续开展防旱、抗旱运动并大力推行水土保持工作的指示》，明确指出"由于过去山林长期遭受破坏和无计划地在陡坡开荒，使很多山区失去涵蓄雨水的能力，这种现象不但是河道淤塞和洪水为灾的主要原因，而且由于严重的土壤冲刷及沟壑的增加，使山陵高原地带

土壤日益瘠薄，耕地日益减少，生产日益衰退"①。党和国家领导人围绕植树造林、绿化祖国作出一系列重要指示，动员全体人民一起植树造林，推动了全党以及全国人民绿色意识的孕育萌发。塞罕坝建设者坚持马克思主义的理想信念，摒弃了只开发不保护的旧观念，走出了一条可持续发展的道路。

进入新时代、踏上新征程，更需要坚定共产主义信仰。改革开放四十多年来，我国的经济社会发展取得了举世瞩目的成就，综合国力获得大幅度提升，成为世界第二大经济体，中国比历史上任何时期都更加接近实现中华民族伟大复兴的目标，更具备实现这个目标的信心和能力。同时，我们党所面临的形势更加复杂多变、任务更加艰巨、矛盾风险挑战更加严峻。一方面，新冠疫情给中国带来巨大冲击，加大了中国经济社会发展的难度和不确定性。世界经济下行风险增大，中国外贸发展面临的外部环境更加棘手。西方敌对势力从未停止对中国的意识形态渗透，资产阶级的价值观念和腐朽生活方式伺机通过各种渠道干扰主流价值观建设。另一方面，我国改革进入攻坚期和深水区，面临诸多深层次的矛盾和问题。总体而言，发展不平衡不充分问题仍然突出，经济持续健康发展的基础仍需巩固，精神文化需求呈现出多样化、个性化、多层次等特点。伟大的时代呼唤伟大的精神，崇高的事业更需要崇高理想信念来引领。马克思对人与自然的关系作了深刻的论述，为推动环境保护和绿色发展提供了前瞻性指导。只有实现共产主义，才能为消除人与自然的对抗，推动人与自然的和解创造

---

① 《中国水利年鉴》编辑委员会编：《中国水利年鉴1998》，中国水利水电出版社1998年版，第483页。

根本条件。"社会化的人，联合起来的生产者，将合理地调节他们和自然之间的物质变换，把它置于他们的共同控制之下，而不让它作为一种盲目的力量来统治自己；靠消耗最小的力量，在最无愧于和最适合于他们的人类本性的条件下来进行这种物质变换。"①坚持共产主义信仰是正确理解国家大政方针政策，有效解决各种矛盾冲突的重要条件。只有坚定共产主义信仰，才能在政治上站稳立场，在大是大非面前保持政治定力；面对风险挑战能够迎难而上，勇往直前；面对诱惑能够坚持原则、敢于不为、坚守底线。

要坚定理想信念，必须加强思想理论建设。共产党人对马克思主义理论的掌握程度直接影响着其政治立场的坚定性、思想境界的高度和政策的执行力。在全面建设社会主义现代化国家、向第二个百年奋斗目标进军的新征程上，必须发挥马克思主义信仰的强大力量，解决真懂真信真用的问题，切实运用马克思主义的思想体系武装头脑、指导实践。习近平总书记强调："理想信念就是共产党人精神上的'钙'，没有理想信念，理想信念不坚定，精神上就会'缺钙'，就会得'软骨病'。"② 要认真学习马克思主义经典著作，系统掌握马克思主义基本原理，坚持马克思主义的立场观点方法，不断提高分析问题和解决问题的能力和水平；坚持用马克思主义中国化时代化最新理论成果武装头脑、指导实践、推动工作，积极研究新情况，解决新问题；要立足中国国情，坚持马克思主义基本原理同中国具体实际相结合、同中华优秀传统文化相结合，坚持理论创新和实践创新，

---

① 《马克思恩格斯文集》第七卷，人民出版社 2009 年版，第 928、929 页。
② 《习近平关于全面从严治党论述摘编》，中央文献出版社 2016 年版，第 57 页。

推动马克思主义的创新和发展，不断把中国特色社会主义事业推向前进。

## （二）自觉践行以人民为中心的价值理念

党的初心和使命是党的出发点和归宿，体现了强烈的为民情怀和政治担当，也是激发中国共产党不断前进的根本动力。中国共产党是无产阶级政党，始终代表工人阶级和广大人民群众的根本利益，没有任何自身的特殊利益。塞罕坝建设者听从党的号召，响应国家号召，深刻牢记初心和使命，从公共利益出发，主动放弃个人私利和享受，选择到祖国最需要的地方实现个人价值。风沙肆虐对生产、生活的危害古已有之，在中国历史上有很多关于沙尘天气的描述。唐代诗人李益在《度破讷沙二首》中写道："眼见风来沙旋移，经年不省草生时。"宋代诗人陆游在《闵雨》中写道："黄沙白雾昼常昏，嗣岁丰凶讵易论。"如果从个人利益出发，追求个人享受，塞罕坝建设者就不会选择在高寒荒原扎根。让人民群众喝上干净的水、呼吸上新鲜的空气，是为了满足人民群众的基本生命需要；还老百姓繁星满天、鱼翔浅底、鸟语花香，是为了陶冶人民群众的精神生活，使乡愁有所安放。在坝上高原极端困难的条件下，塞罕坝建设者胸怀神圣使命，将个人理想融入党和人民的事业当中，用数十年艰苦奋斗、默默坚守，才换来塞罕坝的葱茏茂密和生机盎然。

弘扬塞罕坝精神，坚定理想信念，必须坚持人民的主体地位，切实增强责任感、使命感。"群众路线是我们党的生命线和根本工作路线，是我们党永葆青春活力和战斗力的重要传家宝。"[①]不论过

---

① 《习近平关于全面从严治党论述摘编》，中央文献出版社2016年版，第156页。

去、现在和将来，必须坚持党的群众路线不动摇，把群众观点、群众路线深深植根于思想中，具体落实到行动上。一方面，要坚持一切为了群众。进入新时代以来，我国社会主要矛盾已经转化为人民日益增长的美好生活需要和不平衡不充分发展之间的矛盾。资源紧缺、生态退化、环境污染等问题越来越突出，成为制约经济社会发展的短板问题。人民群众对优质生态产品和优美生态环境的需要不断提高，迫切需要生态环境质量的全面提升。"我们要建设的现代化是人与自然和谐共生的现代化，既要创造更多物质财富和精神财富以满足人民日益增长的美好生活需要，也要提供更多优质生态产品以满足人民日益增长的优美生态环境需要。"[1]必须保持和加强生态文明建设的战略定力，着眼于维护人民群众的生态权益和全社会的生态正义，以经济社会的高质量发展作为重要前提条件，以促进人的自由全面发展为根本价值目标，以人民群众满意作为评价和检验生态文明建设成效的根本标尺，尽力谋求子孙后代的永续发展和经济社会的全面进步。要弥补生态环境短板，满足人民群众对清新空气、清澈水质、清洁环境等生态产品的需要，让人民群众生活在天更蓝、水更清、山更绿的优美生态环境中。另一方面，要坚持一切依靠群众。依靠群众，即尊重群众的首创精神，坚持人民群众自己解放自己的原则。要推进中国特色社会主义生态文明建设的伟大事业，实现人与自然和谐共生，必须充分尊重人民群众的主体地位，高度重视人民群众的主体力量，发挥人民群众的革命性作用。要深入开展调查研究，广泛集中群众智慧和力

---

[1]　习近平：《决胜全面建成小康社会 夺取新时代中国特色社会主义伟大胜利——在中国共产党第十九次全国代表大会上的报告》，人民出版社 2017 年版，第 50 页。

量，总结提炼实践经验，摸清生态环境的具体状况，分析生态问题的根本症结，进而不断改进生态文明建设的思路和方法。要把人民群众的创业热情激发出来，将人民群众的创造活力充分释放出来，将人民群众的积极性、主动性、创造性转变成实际行动，进而形成生态文明建设的强大合力。

### （三）始终坚定"四个自信"

新中国成立70多年来，在中国共产党的坚强领导下，在全国各族人民的共同努力下，开辟了中国特色社会主义道路，形成了中国特色社会主义理论体系，确立了中国特色社会主义制度。实践证明，中国特色社会主义道路、理论、制度、文化适合中国国情，具有强大生命力和巨大优越性。"坚持和完善党的领导，是党和国家的根本所在、命脉所在，是全国各族人民的利益所在、幸福所在。"[1]在党的集中统一领导下，可以把各方面的智慧和力量汇聚起来，成功应对一系列重大风险挑战，有效攻克各种复杂的困难和险阻。塞罕坝奇迹是中国共产党的伟大创造，是社会主义实践的伟大成果，是中国特色社会主义制度优势的鲜明体现。在长期实践中，国有林场作为新中国植树造林的中坚力量，积累了大量植树造林的经验和技术，在苗木培育、施工作业、林业科研、技术推广等方面发挥着骨干示范作用。2016年1月，习近平总书记主持召开中央财经领导小组第十二次会议时指出，森林关系国家生态安全。要着力推进国土绿化、提高森林质量、完善

---

① 《习近平关于全面从严治党论述摘编》，中央文献出版社2016年版，第12页。

天然林保护制度、开展森林城市建设、建设国家公园。[①]根据党和国家的战略部署，塞罕坝林场进一步明确了作为"京津冀西北部生态涵养功能区"的战略定位，自觉承担起阻沙源、涵水源的政治责任，主动减少对木材砍伐的过度依赖，成为新时代生态文明建设的排头兵。

弘扬塞罕坝精神，坚守初心使命，必须将"小我"融入到党和国家事业发展大局，不断增强对中国特色社会主义生态文明建设的道路、理论、制度和文化自信。其一，更加坚定建设生态文明的道路自信。我们要实现的现代化是人与自然和谐共生的现代化，坚定走生产发展、生活富裕、生态良好的文明发展道路，以高品质生态环境支撑高质量发展。坚定不移地走中国特色社会主义生态文明发展道路，既要绿水青山，又要金山银山；既要注重经济发展，又要注重生态环境的保护和修复。其二，更加坚定建设生态文明的理论自信。习近平生态文明思想以科学的理论范畴、严密的逻辑架构、深邃的历史视野丰富和发展了马克思主义人与自然关系理论，对中华优秀传统生态文化进行创造性转化、创新性发展，为正确认识人与自然关系提供科学指导，为建构中国自主的生态文明知识体系提供科学指引。建设生态文明，必须深刻理解和把握习近平生态文明思想的世界观和方法论，坚持人与自然和谐共生的基本原则，奋力绘就美丽中国新画卷。其三，更加坚定建设生态文明的制度自信。要充分发挥党的领导和社会主义制度能够集中力量办大事的政治优势，从生态环境保护制度、资源高效利用制度、生态保护和修复制度、生态环境保护责任制度等方面完

---

① 参见《习近平主持召开中央财经领导小组第十二次会议　研究供给侧结构性改革方案、长江经济带发展规划、森林生态安全工作》，《人民日报》2016年1月27日第1版。

善生态文明制度体系，推动生态环境治理能力和治理体系现代化。其四，更加坚定建设生态文明的文化自信。中华优秀传统文化中包含着"天人合一""民胞物与"等深邃的生态智慧，为新时代生态文明建设提供了丰富的思想资源。必须深深扎根于中国的生态文化土壤，促进中华优秀传统生态文化的创造性转化、创新性发展，加快建立健全以生态价值观念为准则的生态文化体系。

# 第三章

# 艰苦创业
# 砥砺前行

习近平总书记指出："艰苦奋斗、勤俭节约，不仅是我们一路走来、发展壮大的重要保证，也是我们继往开来、再创辉煌的重要保证。"①艰苦创业是一种不怕艰难困苦，克勤克俭、自强不息的精神状态和思想境界，是人们在认识世界和改造世界过程中磨砺的优秀意志品质。砥砺前行是弘扬艰苦创业精神，接续奋斗的具体体现。艰苦创业精神是塞罕坝建设者能够在极其艰苦的生产生活条件下起步的重要基础，也是其能够砥砺前行、再创辉煌的动力和源泉。

## 一、艰苦创业是塞罕坝精神的基础

艰苦创业是中华民族的传统美德，是中国共产党的革命传统和优良作风，是中国在革命、建设、改革过程中积累的宝贵精神财富。弘扬艰苦创业精神，对于提高中国共产党的执政能力，实现中华民族伟大复兴具有极其深远的影响。塞罕坝建设者以艰苦创业为核心支撑，并赋予艰苦创业精神以新的时代内涵和现代表达形式。

---

① 《习近平在参加内蒙古代表团审议时强调 保持加强生态文明建设的战略定力 守护好祖国北疆这道亮丽风景线》，《人民日报》2019年3月6日第1版。

### （一）展现塞罕坝建设者的精神状态

在古代汉语中，艰苦经常用来形容生活困苦。《资治通鉴·后周太祖广顺元年》中写道："帝谓王峻曰：'朕起于寒微，备尝艰苦'。"《汉书·淮南厉王刘长传》曾记载："大王不思先帝之艰苦，日夜怵惕，修身正行。"创业主要是指帝王开创的可世袭的基业，如《孟子·梁惠王下》中提到的"君子创业垂统，为可继也"；张衡在《西京赋》中提到的"高祖创业，继体承基"。在《现代汉语词典》中，艰苦创业被解释为艰难困苦地创办事业。总体来看，从古至今艰苦创业在语义上具有延续性。具体来说，艰苦创业包括两层意思：其一，艰苦主要形容客观环境的不利状况，要求人们珍惜物质财富，树立合理的消费观；其二，创业是一种积极进取的精神状态，是为达到目的不畏艰难、坚韧不拔、锐意进取、百折不挠的意志品格。可以说，艰苦创业体现了人之为人的精神自觉，是人的价值实现的必要条件。人类汇聚了大自然的精华，是有意识有目的的存在，具备自觉能动性。然而，人类从自发走向自觉并不是自然而然的过程，既需要遵循自然界的运行规律，又要突破人类自身发展的阶段性局限。客观世界的发展规律掩藏于万千复杂现象之中，人类只有不断突破生产力发展水平和社会关系结构的制约，才能建立普遍而全面的社会关系网络，为人的自由全面发展创造条件。不过，客观现实与主观期望之间始终存在一种张力，理想总是源于现实、高于现实。如果盲目从主观愿望和目的出发，而不是从客观事实出发，那么人类的实践活动则会停留在自发阶段，无法达到预期目标。人们在认识世界和改造世界的过程中会遇到种种困难、挫折，会经历各种风险和挑战，甚至会遭到失败。只有发扬艰苦创业精神，不断提高认识能力和实践能力，才能实现从自发到自觉的转变，促进人和自然的双重解放。马克思一生颠沛流离、生活交迫、疾病缠身，经历了3个孩子夭折的丧子之痛。即使是在极其穷困潦倒的状况下，他仍然刻苦钻研、勤勉不懈，每日坚持工作十几个小时，创作了具有划时代意义的著作——《资本论》。中国共产党领导中国人民披肝沥胆、浴血奋战，爬雪山、过草地、吃草根、啃树皮，挑战生命极限，历经千难万险、世事动荡，饱受战争创伤，从一穷二白、封闭落后走向伟大复兴，付出了艰苦卓绝的努力。任何对客观世界的改造过程都必须付出一定体力和智力，任何伟大目标的实现都必须付出艰苦努力，艰苦创业是人类社会活动要遵循的普遍规律。人类社会的发展就是一个不断突破主客观条件制约，由必然王国向自由王国飞跃的过程。

　　在半个多世纪的发展历程中，无论创业的路程何其艰辛、何其不易，塞罕坝人始终保持着奋发有为的精神状态。建场之初，物质和技术条件极度匮乏，生存条件和工作环境极端困难。在这种环境中能否进行大规模植树造林存在各种不确定性，如果塞罕坝人因此畏首畏尾，漠视或者否认人类活动的自觉性和能动性，那么什么事情都办不成，更不用妄想今天的辉煌成就。同样，如果藐视自然规律和自然条件，忽视植树造林的科学性，盲目乐观地育苗、植树，则会导致巨大的人力、物力浪费。要实现防风固沙、建设绿色屏障的宏伟目标，没有艰苦创业的精神是根本行不通的。在人类历史上不乏生态衰落的传说，却少有生态逆转的故事。奇迹的背后是一种不服输、不怕苦的精神，是敢于面对一切风险挑战的底气，是敢于战胜一切困难挫折的坚强意志。发扬艰苦创业精神也是提高自觉能动性的过程，是塞罕坝建设者坚持理论联系实际，不断总结提升造林和护林经验的必然结果。

**（二）反映塞罕坝建设者的意志品质**

在主体实践活动中，既有理性思维和理性直观的作用，又有情绪、情感、兴趣、信念、意志等非理性因素的作用。理性因素在认识发展过程中起主导作用，非理性因素在认识活动中起着重要的控制和调节作用。意志作为非理性因素是指在处理和解决问题的过程中所表现的自我克制、自我调节、自我导向的毅力、决心、态度，是在认识和改造世界的过程中不可缺少的精神品质。动物具有趋利避害的本能，而人类能够主动应对困难，主动克服障碍。"激情、热情是人强烈追求自己的对象的本质力量。"[1]当面对困难和障碍时，情感、意志等非理性因素有助于突破思维定式，对主体的认识能力和实践能力具有激活、驱动和控制作用，使得主体能够达到最佳的能动状态，以更有效地面对困难和挫折。在一定条件下，情感意志的有效激活可以转化为稳定的内驱力，形成排除万难、顽强拼搏的精神品质。艰苦创业是情感和意志的全面激活，是一种持久性的激情，是一种积极进取的精神状态，体现了人类实践活动的必然要求。另外，艰苦往往是相对而言，其具体内容不断发展变化，不是必然指向吃糠咽菜、苦行僧式的生活状态。随着生产力水平的不断提高，社会的不断进步，人类的生存环境总体得到改善，但是，艰苦创业的精神实质是稳定的，其最可贵的价值在于不懈奋斗和开拓创新。在艰苦创业中锤炼意志品质，强调在尊重客观规律的基础上充分发挥主观能动性，充分利用有

---

[1] 《马克思恩格斯文集》第一卷，人民出版社2009年版，第211页。

利条件，克服不利条件，并尽可能地创造新的有利条件，进而不断提升自身能力素质，实现新的目标追求。

塞罕坝人以持之以恒的韧劲，凭借艰苦奋斗、攻坚克难的毅力，创造了人间绿色奇迹。林场组建之前，很多人对塞罕坝自然环境、生活环境的恶劣状况已有初步的认知，但是他们仍然没有退缩，毅然主动选择上坝。20世纪60年代，东林学子刘滨、王友兰毅然放弃更好更舒适的工作机会，用青春许下誓言——坚守塞罕坝20年。刘滨说："我自幼家境贫寒，如果没有公费支持，我还不知道在哪里呢。是新中国让我有机会获得知识、读了大学，现在祖国林业建设需要我，我一定要做点儿什么。"[1] 祖国最需要的地方往往就是物质条件最艰苦、精神生活最枯燥的地方，如果他们完全从个人私利出发，贪图自身安逸的话是不会作出这样选择的。塞罕坝建设者怀着绿化祖国、涵养水源的使命宗旨，坚定面对困难、克服困难的决心和勇气，在一定程度上做好了吃苦耐劳、坚韧不拔的思想准备。三道河口林场技术副场长邵和林表示："不会有人为了吃苦而选择事业，但会有人为了事业而选择吃苦。"[2] 尽管塞罕坝林场的总体环境和工作状况超出了很多人的设想，有些人也曾冒出过放弃的想法，但最后他们还是凭借毅力和智慧坚持了下来。苗死了重新育种，树倒了重新栽植。塞罕坝建设者用意志克服了常人无法忍受的困难，战胜了一次又一次的挫折，使荒原变成林海，创造了彪炳史册的人间奇迹。塞罕坝的每棵树都有自己的故事，令人潸然泪下；塞罕坝的每个建设者都有自己的奋斗历

---

① 孟姝轶：《东林四十七学子：功成必定有我》，《中国教育报》2021年6月24日第6版。

② 樊江涛：《林三代吃苦记》，《中国青年报》2017年8月7日第1版。

史，令人肃然起敬。

### （三）诠释塞罕坝建设者的政治本色

艰苦奋斗是马克思主义世界观、人生观和价值观的重要内容和必然要求。在实行生产资料私人所有制的阶级社会中，统治阶级剥削劳动阶级的成果，坐享其成、不劳而获，习惯了奢侈腐化、挥霍浪费的生活方式。相反，在生产资料公有制的条件下，实现了劳动者和生产资料的直接结合，消除了人剥削人的社会基础，为劳动者直接支配劳动成果创造了条件。通过劳动满足自身的需求，通过艰苦奋斗实现共产主义的理想目标是无产阶级政党的本质体现。中国共产党作为无产阶级政党，以人民群众的根本利益为价值追求，必然要保持艰苦奋斗的前进姿态。历史证明，中国革命和建设事业所取得的伟大成就都是中国共产党领导中国人民通过艰苦奋斗所取得的成果。"中国共产党以自己艰苦奋斗的经历，以几十万英勇党员和几万英勇干部的流血牺牲，在全民族几万万人中间起了伟大的教育作用。"[1]艰苦奋斗是中国共产党的优良传统，是中国共产党人的政治本色，是凝聚党心民意战胜一切困难和险阻的精神源泉。毛泽东同志明确指出："艰苦奋斗是我们的政治本色。"[2]共产党人坚持吃苦在前、享受在后的作风，归根结底是践行对人民群众负责，为人民群众服务的宗旨。新中国成立70多年来，中国共产党始终保持谦虚谨慎、艰苦奋斗的精神风貌，始终保持与人民群众的血肉联系，兢兢业业、励精图治，从"一辆拖拉机都不能制造"到建成门

---

① 《建党以来重要文献选编（1921—1949）》第十三册，中央文献出版社2011年版，第468页。
② 《毛泽东文集》第七卷，人民出版社1999年版，第162页。

类齐全、独立完整的现代工业体系；从人均国民收入仅27美元到人均国民收入突破1万美元，日益走近世界舞台中央。

塞罕坝植树造林事业是新中国社会主义建设事业的重要组成部分，塞罕坝奇迹是中国共产党人的伟大创造，是中国共产党人发扬艰苦创业精神所取得的重要成果。为了让广大人民群众不再受风沙疾苦，享受到更多的绿色福利，党和国家做出植树造林、绿化祖国的伟大决策。新中国的物质基础极其薄弱，技术条件非常落后，开展大规模的植树造林要面对极端困难和重重障碍。为大多数人谋利益的事业本身就是一项难度系数极高的事业，而人与自然关系的调整是顺应广大人民群众需要的崇高事业。中国共产党人立足于人民群众的根本立场，对剥削阶级乱砍滥伐所造成的生态问题深恶痛绝，对植树造林的意义有深刻认识，因此能够下定决心排除万难，彻底改造荒山荒原。建场之初确立的四项建场任务体现了中国共产党人牢记使命、艰苦创业的情怀，体现了塞罕坝人坚定不移的决心、胸怀和意志。

塞罕坝林场领导班子继承了中国共产党人的优良传统和作风，带头发扬艰苦创业精神，形成了积极向上、踏实苦干、坚韧不拔的工作氛围。从组织运行机制看，"塞罕坝坚持走群众路线，推行'一交'：干部与工人交心；'二参'：干部参加劳动、工人参加管理；'三结合'：领导、技术人员、群众相结合；'四同'：同吃、同住、同劳动、有事同商量的工作机制和领导方法"①。领导干部在工作中总是身先士卒，在生活中不搞特殊化，在面对困难挫折时总是意志坚定、百折不挠，是全体职工当之无愧的主心骨。他们

① 封捷然：《塞罕坝奇迹是中国共产党人的伟大创造》，《承德日报》2020年4月14日第6版。

的优良作风得到广大职工和周围群众的一致认同，形成了艰苦创业的示范效应，激发了人民群众苦干、实干的工作热情，共同挺起塞罕坝的精神脊梁。"据河北林业志记载，当时一起批准设立的八个机械林场，塞罕坝条件最艰苦，但是只有塞罕坝一个林场按照设计完成了造林任务。"[①]60多年来，无论外在环境发生什么样的变化，无论条件有多艰苦，塞罕坝林场的领导班子始终加强党性修养，保持廉洁自律，从未挪用一分钱的造林资金和管护资金；无论遇到什么样的困难，塞罕坝建设者始终将植树造林作为第一要务，从未调减过造林计划。[②]领导向国家看齐、党员向领导干部看齐、群众向党员看齐、外围向一线看齐，以苦为志形成积极向上的奋斗集体。

塞罕坝建设者牢固树立马克思主义的世界观、人生观、价值观，继承中国共产党的优良传统，发扬自力更生、艰苦创业的精神，谱写了一曲跨世纪的绿色乐章。在建场之初，面对极端恶劣的气候条件和缺衣少食的生存环境，塞罕坝人从林业建设的大局着眼，坚持"先治坡、后治窝，先生产、后生活"的基本原则，以坚强的意志承担着超强度的工作任务，终于为荒山高原披上绿装。随着改革开放的不断深入和社会主义市场经济的蓬勃发展，人们的思想观念、思维方式、价值取向呈现出多样化的特点。塞罕坝人自觉抵制各种诱惑，保持艰苦创业、攻坚克难的意志品质，积极践行社会主义核心价值观，使百万林海不断焕发新的生机。在党和国家的支持下，在广大人民群众的积

---

① 封捷然：《塞罕坝奇迹是中国共产党人的伟大创造》，《承德日报》2020年4月14日第6版。

② 参见庞超：《牢记使命铸丰碑——塞罕坝精神内核解析》，《河北日报》2017年9月2日第3版。

极参与下，经过60多年的艰苦创业，塞罕坝林场现已成为国有林场发展的标杆，成为全国生态文明建设的典范。艰苦创业凝聚成塞罕坝精神的基础，凝结成塞罕坝人的精神品格，成为塞罕坝绿色事业的精神旗帜，并接续传递下去。

## （四）体现塞罕坝建设者的强大力量

马克思主义认为，人的类特性是自由的有意识的活动，而实践是人的本质力量的对象化。实践的形式是多种多样的，按照性质和功能可以将其分为常规实践和创新实践。其中，常规实践是指人们传播和运用现有知识内容，按照固定的思维、方法和制度生产同质性成果的实践活动。创新实践是指研究发现客观世界的本质、规律以及运用新的认识成果发明新技术、制定新制度，创造新产品的实践活动。[①]无论是常规实践还是创新实践都融合了人的目的和意识，其中常规实践主要体现实践在量方面的扩张，而创新实践是深刻的、新颖的，主要体现实践活动在质方面的飞跃。在创新实践中，实践的主体、客体和中介等方面都会有新的发展。总体而言，创新实践更能体现人的本质力量，更能彰显人的自主性和能动性。2020年9月，习近平总书记在科学家座谈会上指出："现在，我国经济社会发展和民生改善比过去任何时候都更加需要科学技术解决方案，都更加需要增强创新这个第一动力。"[②]创新是一种开拓性的实践活动，往往是在激发人的内在潜能的情况下进行，是对已有认知结构和实践方式的改造和提升，从而有助于更有效地认识世界和改造世界。

---

① 参见刘然：《创新实践论》，黑龙江人民出版社2010年版，第49—50页。
② 习近平：《在科学家座谈会上的讲话》，《人民日报》2020年9月12日第2版。

艰苦创业内含"创业"的意识和行为，强调在艰苦的情境之下仍能保持积极进取、开拓创新的精神风貌，能够勇于突破陈规、大胆探索、敢于创造，能够不断提出新方法、新观点和新的解决方案。塞罕坝是高寒高海拔地区，森林植被曾遭到严重破坏，沙漠化问题非常严重。为了成功在坝上造林，"早在1957年1月，河北省林业厅就委派谢光、黄中儒、李庆隆等11人到吉林省洮南机械林场学习机械维护、财务管理、林场管理、造林技术和林业调查设计，学习时间将近一年"[①]。之后，一批批响应党和国家号召的开拓者从全国各地相继来到这片荒凉之地，共同组成塞罕坝的建设队伍。然而，在塞罕坝植树造林绝不仅仅是一项常规性工作，不仅要面对吃喝住用行等方面的困难，而且从采种、育苗、整地、栽植、锄草、浇水、施肥、抚育、管护、间伐到成林，每一个环节都需要面对诸多考验、突破诸多瓶颈障碍。可以说，在高寒荒原地区进行植树造林，更需要弘扬积极进取、开拓创新的精神，从而为林业建设和生态环境保护持续发展提供智力保证。塞罕坝建设者不断突破思维定式，敢于打破常规、善于创新发展，促进林业现代化建设水平的不断提升。当大唤起、阴河等小型林场，因为生活条件局限、树木成活率低而准备下马之际，刘琨带领专家经过艰苦调研，作出可以在塞罕坝植树造林的科学判断；当连续两年植树成活率低于8%之际，在王尚海、刘文仕等人的带领下，塞罕坝林场不断优化树种选择，改进栽培方法、改良植树工具，成功挺进马蹄坑；当大规模植树造林取得初步成效时，塞罕坝人没有骄傲自满，没有停滞不前，与时俱进推进管理和技术的持续进阶，努力构

---

① 赵云国：《塞罕坝创业英雄谱》，河北人民出版社2019年版，第20页。

建森林可持续经营模式，推动塞罕坝生态文明建设迈上新台阶；面对满载的荣誉、日益火爆的旅游经济，塞罕坝没有被冲昏头脑，积极适应二次创业的新形势新任务新要求，将工作重点放在精准提升森林质量、推动可持续发展上，为构建健康稳定优质高效的森林生态系统奋力前行。塞罕坝建设者勇为天下先、敢啃硬骨头，着力解决人民群众的实际问题，在重大任务面前不退缩，在关键时刻能够豁得出来，在危急时刻能够冲得上去。塞罕坝建设者以自强不息和开拓创新为支撑，以改革为动力，自觉按照自然规律、经济规律和社会规律办事，将塞罕坝林场打造成林业建设的先锋战士。

## 二、艰苦创业的精神实质

毛泽东同志指出："中国的革命是伟大的，但革命以后的路程更长，工作更伟大，更艰苦。"[1]塞罕坝建设者以勤俭节约为立足之本，以爱岗敬业为职业操守，以开拓创新为关键利器，知难而进、迎难而上，砥砺开拓林业建设新局面。

### （一）以勤俭节约为立足之本

《春秋·左传·庄公二十四年》有云："俭，德之共也；侈，恶之大也。"节俭是道德的根本，奢侈是万恶之首。相对于发展的程度和发展的需求而言，物质条件总是有限的，资源环境总是稀缺的。因此，我们一直倡导弘扬勤俭节约的优良作风。勤俭节约是人民群众战胜各种困难和风险的重要武器，尤其是在经济发展落后的阶段，更需

---

① 《毛泽东选集》第四卷，人民出版社1991年版，第1438页。

要经过长期艰苦奋斗，需要勤俭节约地过日子。以勤俭节约为本，要求从具体的国情、省情、地情出发，正确地对待客观物质环境和生活条件，树立正确的消费观，反对铺张浪费，促进资源要素的科学配置和合理利用。

塞罕坝人始终坚持艰苦朴素、勤俭节约的生活作风和工作作风。其一，提倡艰苦朴素、勤俭节约要求树立正确的金钱观和价值观。特殊的时代背景、严酷的自然环境、恶劣的生存环境、特殊的职业需求，共同促成了塞罕坝的艰苦情境。发扬"艰苦朴素、勤俭节约"的精神，强调无论物质条件是否充裕都要经得住诱惑、耐得住清贫，集中精神干好各项工作。为了持之以恒推进林业建设，塞罕坝林场长期坚持"先治坡、后治窝，先生产、后生活"的建设原则。历史不能忘却，塞罕坝建设者以及他们的家属舍小家顾大家，为林业建设做出了巨大牺牲。其二，提倡艰苦朴素、勤俭节约是为了更好地创业。"苦"和"节约"并不是目的，只是手段。既不能为了吃苦而去吃苦，更不能为节约而节约，而是为了将有限的人力、物力、财力资源集中起来，打开创业局面。塞罕坝建设者只要有资金就会想到种树护树，只要有资金就会用来种树护树。节约不仅包括生活条件的节约，也涵盖生产条件的节约。1982年，原林业部在验收鉴定塞罕坝造林成效时，给予"两高一低"（成活率高、保存率高、成本低）的评价。塞罕坝人处处注重节约原材料、减少劳动消耗、降低劳动成本、珍惜劳动成果，为塞罕坝林场积淀了壮美未来。其三，提倡艰苦朴素、勤俭节约是为了强化党性修养和宗旨意识。国际国内形势复杂多变，拜金主义、享乐主义、极端个人主义的消极影响仍然存在。如果丢掉了艰苦奋斗的政治本色，丢掉艰苦朴素、勤俭节约的优良传统，形成贪图享乐、骄奢淫逸的风气，不但会败坏党的威望和形象，还会导致党脱离群众，妨碍社会主义建设的顺利进行。坚持党的性质和宗旨，必须坚定共产主义的理想信念，弘扬勤俭节约的优良传统，有效应对各种风险考验，坚决抵制诱惑不迷失方向。塞罕坝林场的领导班子始终加强落实党风廉政建设，坚持勤俭干事业，营造了风清气正的政治环境。"据创业前辈介绍：刘文仕场长从塞罕坝搬家到银川的时候，来塞罕坝时的家具是什么，搬走的时候还是什么，17年没有添置一件家具！"[①]领导干部厉行勤俭节约的事例还有很多，在职工面前树立了良好的口碑。他们忠于职守、爱岗敬业、吃苦耐劳，为林业建设的高质量发展画上了浓墨重彩的一笔。塞罕坝林场的全体职工，继承发扬艰苦朴素、勤俭节约的优良传统，形成了克勤克俭的氛围，为塞罕坝林业建设积蓄了资金和实力。奋斗不息，追梦不止，塞罕坝人始终保持强烈的责任感和使命感，必然推动林业建设的持续发展。

**（二）以爱岗敬业为职业操守**

所谓爱岗就是要热爱自己的工作岗位，敬业则是以严肃认真的态度对待自己的工作，全心全意做好本职工作。马克思主义认为，劳动工作对人具有十分重要的意义。"劳动是整个人类生活的第一个基本条件，而且达到这样的程度，以至我们在某种意义上不得不说：劳动创造了人本身。"[②]对于劳动者而言，劳动既是权利，也是义务。当工作是出于劳动者自愿，与劳动者的兴趣、爱好结合在一起时，更

---

① 赵云国：《塞罕坝创业英雄谱》，河北人民出版社 2019 年版，第 85 页。
② 《马克思恩格斯文集》第九卷，人民出版社 2009 年版，第 550 页。

能激发劳动者的创造力。当前，我国正处于社会主义初级阶段，物质产品还没有达到极大丰富的程度，存在多种经济成分，劳动还是大多数人赖以谋生的手段，好逸恶劳、不劳而获的思想仍然存在。"我们要在全社会大力弘扬劳动精神，提倡通过诚实劳动来实现人生的梦想、改变自己的命运，反对一切不劳而获、投机取巧、贪图享乐的思想。"①工作岗位是劳动者进行劳动，实现自我价值、维系生存和改善生活的主要载体。中国特色社会主义事业是由千千万万个普通岗位构成的，只有每个人都能立足岗位，踏踏实实地做好本职工作，兢兢业业、勤勉劳动，才能汇聚起磅礴力量，实现中华民族伟大复兴的中国梦。

塞罕坝人脚踏实地，在平凡的岗位中做出了举世瞩目的成绩。爱岗敬业精神蕴含以下几层含义：其一，爱岗敬业蕴含着主人翁精神。爱岗敬业强调职工与单位之间建立起休戚与共的关联，体现的是一种集体荣誉感和归属感。塞罕坝人将林场的树木看作"自家的林子"，将植树造林事业看作自己的事业，像呵护生命一样呵护每棵树苗的成长。他们以绿色事业为荣为傲，以饱满的工作热情从事造林护林工作，理想信念、喜怒哀乐都和绿色事业紧密相连。他们积极克服困难，奋力抗灾自救，为精准提升森林质量、增强森林生态功能尽心竭力、接续奋斗。其二，爱岗敬业蕴含着高度负责的工作态度。植树造林工作很多时候单调枯燥，要有端正的工作态度、严格自律的工作作风和只争朝夕的奋进精神才能克服。塞罕坝建设者勤勤恳恳、兢兢

---

① 习近平：《在知识分子、劳动模范、青年代表座谈会上的讲话》，人民出版社2016年版，第9—10页。

业业、忠于职守、尽职尽责，为挑战在高寒荒原地区植树造林甘冒各种风险。他们爱场如家，并将这种情感延续传递下去。林场的子弟从小就经常跟着大人上山栽树，有不少林场的子女长大成人后，放弃了外界优渥的生活，回到塞罕坝成为林二代、林三代，继续坚守林业建设事业。其三，爱岗敬业蕴含着钉钉子精神。钉钉子不是一下子能够完成的，需要把每一钉子都要钉实钉牢，钉钉子精神就是一种锲而不舍、持续发力的精神。植树造林是一项功在当代、利在千秋、利己利人的公益事业，意义重大、影响深远。同样，植树造林也是一项漫长而艰苦的事业，工作责任重大、任务繁重，需要经过持之以恒的奋斗。尤其是在高原高寒地区造林要面对更多的困难和障碍，每一个环节、每一道工序都要付出更多的努力。几代塞罕坝人久久为功，发挥钉钉子精神做实做细做好各项工作，才有了塞罕坝的伟大成就。

**（三）以砥砺前行为奋进作风**

砥指细腻的磨刀石，砺指粗糙的磨刀石，砥砺引申为磨炼。《山海经·西山经》有云："西南三百六十里，曰峄嵫之山……苕水出焉，而西流注于海，其中多砥砺。"《墨子·节葬下》记载："此皆砥砺其卒伍，以攻伐并兼为政于天下。"砥砺前行强调干事业有恒心，无论遇到多少困难都不让步，无论受到多少挫折都不退缩。通过砥砺意志品质、锤炼过硬作风，可以增强对抗困难和挫折的决心，使人们在干事创业的过程中能有一股不达目的誓不罢休的韧劲和耐力。砥砺前行的意志品质是事业取得成功的重要保证，能让人们在艰难的条件甚至在逆境中取得重要突破。受客观条件、主观认识和素质能力的制约，主观认识和客观世界之间经常会出现偏差，人的实践活动总是会遇到各种各样的困难挫折。人类总是在发现问题、解决问题中进行自我扬弃，在不断的自我否定中实现自我完善、自我发展。如果遇到矛盾就绕道走，碰到矛盾就缩手，那么各项工作将会停滞不前，每个人也会一事无成。如果长期回避矛盾，还会造成矛盾的累积，因小失大、积重难返。坚持砥砺前行，强调敢于直面问题，敢于担当责任，全力战胜各种风险与挑战，确保各项战略目标的顺利实现。

塞罕坝人栉风沐雨，砥砺前行几十载，才使得高寒沙地荡起万顷林涛。砥砺前行的精神具体包括以下几层含义：其一，砥砺前行蕴含着自力更生的精神。内因是事物发展的根据，是事物发展的根本原因。艰苦创业的根本立足点是自力更生，强调充分发挥自身的积极性、主动性和创造性，盘活现有的人力、物力资源，来达到认识世界和改造世界的根本目的。林场创业之初，基本生活都无法保障。为了解决生存问题，塞罕坝人一边造林，一边开荒种粮。进入21世纪之后，植树造林进入扫尾阶段。时任塞罕坝林场林业科副科长范冬冬说，"攻坚造林成本比较高，一亩地要1200元左右，目前国家补贴为一亩地500元，其余的都需要林场自筹资金"。[①]塞罕坝人将森林旅游、绿化苗木经营获得的收入持续用于森林资源保护、基础设施建设，不仅出色地完成了攻坚造林任务，而且促进了职工生活的大幅度改善。其二，砥砺前行蕴含着迎难而上的精神。迎难而上即面对矛盾不后退、面对困难不屈服，具有直面挑战的决心和勇气。塞罕坝林场的每一次进步都是步履维艰、困难重重，其所取得的辉煌成就都是历经千辛万苦锤炼而成。从在高寒沙地上种树挑战气候条件和生存条

---

① 刘毅、史自强：《"塞罕坝"是怎样铸成的》，《人民日报》2017年8月5日第4版。

件局限的创业之难，从突破作业条件、交通条件等施工环境进行抚育间伐之难，从突破立地条件、资金条件进行攻坚造林之难，塞罕坝人总是迎难而上，完成诸多不可能，令世人为之震撼。其三，砥砺前行蕴含着百折不挠的精神。在面对挫折和失败时，塞罕坝人总是锲而不舍、顽强不屈，凭借智慧和勇气战胜了一个又一个挑战。1962年，塞罕坝林场种植树苗1052亩，成活率不足5%；1963年，塞罕坝林场种植树苗1240亩，成活率有所提高，但仍然不足8%。[①]塞罕坝建设者以坚定不移的理想信念，排除万难突破技术难题和物质局限，不断提高造林成活率。截至2018年年底，塞罕坝林场石质荒山攻坚造林任务基本完成，造林成活率达到99%。[②]在半个多世纪的岁月里，塞罕坝的森林覆盖率已接近饱和值，塞罕坝人凭借艰苦创业、不屈不挠的精神，创造了荒原变绿洲的奇迹。

**（四）以开拓创新为关键利器**

坚持开拓创新，是指通过增强创新意识和创新能力，突破旧的思维定式，破除体制机制障碍，挖掘和激活资源配置方式，以不断提出解决问题的新理念新思路新办法。"创新不单是技术创新，更包括体制机制创新、管理创新、模式创新。"[③]其中，科技创新是核心，是推动经济社会发展进步、全面建设社会主义现代化国家的第一驱动力。习近平总书记指出："科技创新是提高社会生产力和综合国

---

① 参见封捷然：《塞罕坝奇迹是中国共产党人的伟大创造》，《承德日报》2020年4月14日第6版。

② 参见李建成、陈宝云：《塞罕坝林场石质荒山造林成活率达99%》，《河北日报》2019年1月25日第3版。

③ 李克强：《紧紧依靠改革创新 增强经济发展新动力》，《人民日报》2014年9月11日第3版。

力的战略支撑，必须摆在国家发展全局的核心位置。"①客观事物具有多重属性、多种用途，人类只有不断提高认识能力和实践能力才能不断推动科技创新，从而更加接近客观世界的真实面貌，以达到预期的理想目标。坚持科技创新，"要从一切方面去探索地球，以便发现新的有用物体和原有物体的新的使用属性"②，在人与自然之间建立新的具体的联系，变不利条件为有利条件。在物质条件匮乏、环境艰苦的情况下，发挥开拓创新精神，有助于激发人的潜力，拓展事物的用途，使客观事物得到最充分的利用；有助于改变事物的状态，建立新的联系，创造新的条件，克服各种困难和险阻。体制机制创新是基础和保障，是营造勇于探索、敢于创新氛围，促进资源优化配置，激发主体创造潜能的重要举措。习近平总书记指出："推进自主创新，最紧迫的是要破除体制机制障碍，最大限度解放和激发科技作为第一生产力所蕴藏的巨大潜能。"③只有全面深化各个领域的体制机制改革，不断完善调查设计、技术标准、评价准则、质量检查制度等，才能充分激发人的干劲和潜能，使主体在前进的道路上始终保持激情睿智。

塞罕坝地处高原高寒地区，历经数次失败和多重挫折才能够重新绿树成荫、绿洲成海，其间倾注了几代人的智慧和力量。具体来说，开拓创新包括以下几层含义：其一，具有敢闯的精神。人们所从事的很多事业是前无古人的开拓性事业，没有现成的经验可循，其发展前景面临相当大的不确定性。"没有一点闯的精神，没有一点'冒'的

---

① 《十八大以来重要文献选编》上，中央文献出版社 2014 年版，第 17 页。
② 《马克思恩格斯文集》第八卷，人民出版社 2009 年版，第 89—90 页。
③ 习近平：《在中国科学院第十九次院士大会、中国工程院第十四次院士大会上的讲话》，人民出版社 2018 年版，第 13 页。

精神，没有一股气呀、劲呀，就走不出一条好路，走不出一条新路，就干不出新的事业。"①尽管缺乏在高寒、高海拔、荒漠地区大规模造林的先例，但是塞罕坝人没有被困难吓倒，以敢为天下先的豪情壮志，不断突破造林的立地条件局限，创造了一个又一个为世人所震撼的成果。其二，具有改革的勇气。"流水不腐，户枢不蠹"，创新是事物保持生机活力的关键所在。只有不断改进体制机制，激发主体活力，释放人才潜力，才能凝聚民众的智慧，激发民众的活力。"在漫长的发展历程中，塞罕坝林场曾经多次遭遇阵痛、陷入困境，但他们坚持解放思想，深化改革，转换机制，确立了'生态立场、营林强场、产业富场、人才兴场、文化靓场'的发展战略"②，成功走上可持续发展道路。塞罕坝人面对造林成绩不骄傲、不自满，面对困难问题不停步，大刀阔斧推进体制机制改革，推动林场取得一个又一个新的突破。其三，具有精益求精的匠心情结。《诗经》有云："有匪君子，如切如磋，如琢如磨。"塞罕坝建设者将精益求精的精神内植于心，对植树造林的每个环节、每道工序、每个细节都精心打磨，推动森林质量的不断提升。塞罕坝人坚持适地种林的原则，认真学习新理论，大胆进行实践探索，锲而不舍地追求技术规范的完善，严格把关每个环节的质量要求，矢志优化植树造林护林营林的整个流程。在整地方面，由原来深翻一次、重耙两次改为浅翻、重耙再深翻、对角线重耙两次，从而达到了造林前地块土质精细。③在造林方面，从"中

①　《十三大以来重要文献选编》下，人民出版社 1993 年版，第 1853 页。

②　贾治邦：《在全国林业厅局长座谈会上的讲话》，《中国林业》2010 年第 15 期。

③　参见赵云国：《塞罕坝创业英雄谱》，河北人民出版社 2019 年版，第 4 页。

心靠山"栽植方法转变为"缝隙植苗法",并总结出了"深送高提、埋没红皮、踏实挤紧、不留空隙"的栽植要领。[①]在营林生产设计上,"解决了罗盘仪导线测量对中误差问题,提高了罗盘仪导线测量闭合差的精度,快速准确,使工效提高了30%"[②]。塞罕坝人将精益求精的精神融入各项工作、各个环节、各个步骤和每处细节,形成了严谨认真的工作态度、务实进取的精神品质。在全体职工的共同努力下,塞罕坝林场的造林技术越来越成熟,经营模式越来越完善,并逐步向外输出,成为林业建设战线的标杆和典范。

### 三、艰苦创业是塞罕坝林场创造奇迹的动力和源泉

经过60多年的发展历程,塞罕坝已经树木成荫,生活设施、工作条件等都有较大幅度改善,但是塞罕坝人始终保持着艰苦创业的精神。

#### (一)超越物质局限的思想保证

林场创业之初的艰苦,不身临其境是很难感同身受的。20世纪60年代初,国家正处于经济困难时期,物资本来就普遍不足。对于塞罕坝而言,自然条件恶劣,适宜种植的农作物非常单一,主要是白菜、土豆和莜麦,不适宜种小麦、玉米等粮食作物,食物短缺的问题比较严重。[③]塞罕坝创业队伍吃的是黑莜面、窝窝头、清水煮土豆、莜麦蘸盐水、咸菜;喝的是雪水、雨水、沟塘子水;以麦秸、杂草为

---

① 参见赵云国:《塞罕坝创业英雄谱》,河北人民出版社2019年版,第5页。
② 《用汗水浇灌百万亩林海——河北塞罕坝机械林场张向忠森林管护案例》,《绿色中国》2019年第22期。
③ 参见李青松:《塞罕坝时间》,《绿色中国》2017年第17期。

铺，住的是仓库、马棚、泥草房、地窖子；交通、通信、电力等基础
条件极其薄弱，基本的教育、医疗更是无法保障。除了物资短缺、交
通闭塞之外，塞罕坝建设者还要面对严寒、大风的考验，生产生活条
件极其落后。塞罕坝的最低气温为零下40多摄氏度，年均积雪7个多
月，寒风刺骨、滴水成冰都是家常便饭。即便在这样的条件下，塞罕
坝建设者们仍然保持乐观主义精神，习惯了披星戴月奔忙，不畏寒风
彻骨，以冰霜雪露为装。由于长期在恶劣的生存条件下进行超强度的
劳作，身体受到严重损伤，很多人患上了心脑血管病、风湿病，甚至
英年早逝，早年去世的创业前辈平均年龄只有52岁。[①]对于塞罕坝第
二代建设者而言，经过第一代人的艰苦付出，塞罕坝林场的自然、生
活和工作条件都有所改善，但仍然十分艰苦，更不可能和发达城市相
比。1984年，张向忠大学毕业刚被分配到塞罕坝机械林场时，所看到
的是破旧的瓦房、简陋的办公室、连农村都不如的宿舍。[②]住工棚、
喝雪水、啃咸菜、吃冷饭都是稀松平常的事情；林场的食材比较单
一，蔬菜水果都很稀缺，有的孩子生长发育受到影响，还有很多职工
的身体早早就出现问题。而且，高原林业工作的特定内容要求他们经
常在冰天雪地的自然环境下作业，并时常忍受孤单寂寞和蚊虫叮咬，
一线职工的艰苦是显而易见的。

　　近年来，塞罕坝林场不仅继续推进植树造林、加强资源保护，而
且注重改善生产条件和生活条件，对林场的基础设施进行全面改造

---

① 参见张怀琛：《艰苦创业谱壮歌——塞罕坝精神内核解析》，《河北日报》2017年9月3
日第1版。
② 参见《用汗水浇灌百万亩林海——河北塞罕坝机械林场张向忠森林管护案例》，《绿色中国》
2019年第22期。

提升。截至2017年10月，塞罕坝林场"建设林区路网833公里，初步形成了林路的网格化格局；所有林场、营林区、望火楼的互联网、通信、电视'三网融合'；实施了'安居工程'和国有林场危旧房改造工程，职工在县城有了住宅，基本上解决了老人就医、子女上学等民生难题；完成了30个营林区、8个望火楼和9个检查站的新建和改造，宿舍有室内卫生间，能洗热水澡，用上了深水井，接通了光纤，一线职工生活条件全面改善"①。尽管生活条件改善了，创业者勤俭节约的精神却传递下来。为了保护塞罕坝的森林生态系统及野生动物，2002年经河北省人民政府批准建立河北塞罕坝自然保护区。2007年5月通过国务院审定被批准为国家级自然保护区。塞罕坝林场属于国家禁止进行工业化城镇化开发的重点生态功能区，其建设和发展的首要意义是生态效益的最优化。无论是在创业初期，还是森林已成规模的新阶段，塞罕坝林场始终坚持持续性原则。通过国家的宣传、媒体的聚焦，塞罕坝林场已经声名远扬。如果塞罕坝林场采用急功近利的方法，随意扩大森林经营的规模，很容易就可以让钱包鼓起来。然而，生态系统的自然资源和环境容量是有限的，挥霍性消费、一次性消费、炫耀性消费的价值观与生态文明建设的理念是根本对立的，"大量生产、大量消费、大量废弃"的传统增长模式正是生态环境遭到破坏的主要原因。总结历史经验，塞罕坝林场始终坚持生态安全优先，严格控制林业砍伐和生态旅游规模，为森林生态系统的功能恢复提供充裕空间。"2012年，塞罕坝自我

① 《这五年，我们统筹推进"五位一体"总体布局成效巨大——深入学习贯彻习近平总书记系列重要讲话精神，以实际行动迎接党的十九大胜利召开》，《党建》2017年第10期。

加压，将每年木材砍伐量从15万立方米调减至9.4万立方米，这一数量不及年蓄积增长量的四分之一。"① 2021年8月，习近平总书记到塞罕坝机械林场考察时强调"深刻理解和落实生态文明理念"，进一步明确了塞罕坝的生态功能定位，突出了保护自然生态的重要目标。无论是倡导勤俭建场，还是提高森林质量，勤俭节约的精神已经融入塞罕坝人的血液之中。

**（二）干事创业的担当情怀**

在其位、谋其职，必须脚踏实地、一丝不苟做好本职工作。"树苗长成参天大树，耗时可达半世纪；人工林近自然化改造，大约也需要20年的时间。这些见效缓慢的、正确的事，在塞罕坝被一步一个脚印地踏实推进。"②在塞罕坝植树造林，从育苗、整地、造林、抚育到资源管护等，每一份工作都不是轻松的差事，每一个岗位都需要付出超常的努力和牺牲。对于育苗工作来说，掏大粪是最折磨人的。"掏大粪"给幼苗施肥，是集合了苦、脏、累于一身的工作岗位，不仅臭气熏天、苍蝇乱撞，很容易溅到脸上、身上，而且洗澡极其不便。然而，在塞罕坝根本没有矫情的机会和条件，陈彦娴、潘文霞、尹桂芝……这些如花似玉的姑娘，正值青春年华，没有任何推诿，毅然勇挑粪担。除了挑粪工作，整地、做床、催芽、播种，每项工作程序都有严格的技术要求。为了掌握好播种时盖土的厚度和压实度，需要拿着滚桶和刮板一遍又一遍地练，手磨出了血泡，手臂肿得抬不起来，可他们还是不停地练，直

---

① 参见陈二厚、张洪河等：《从一棵树到一片"海"——塞罕坝生态文明建设范例启示录》，新华网 http://www.xinhuanet.com//politics/2017-08/03/c_1121428270_3.htm。
② 沈静文：《一种精神鼓舞无数后来者》，《光明日报》2017年8月13日第5版。

到达到技术要求为止。①育苗直接影响造林成活率，育好苗、造好林的信念是支撑育苗工作者的精神动力。艰苦的环境无法磨灭他们的工作热情，他们每人每天都得选上万棵苗子，手冻肿了，裂了口子，仍然站在泥潭里坚持工作。②对于造林、调查、检查等工作而言，需要长期连续的野外作业，风餐露宿、受饿挨冻都是常有的事。当林场职工在野外作业时，其他部门科室人员会全力配合，所有家属也会做好后勤保障工作。而且，每一次大规模造林都是全员动员，林场的子女都要参与造林，大家激情澎湃、热火朝天，心往一处使、劲儿往一处用，没有人推脱拖拉、消极怠工、敷衍了事。

第二代塞罕坝人继续发扬艰苦创业精神，踏实做好本职工作。在经历了大规模植树造林阶段后，塞罕坝林场转向营林为主、造林为辅的阶段。加强防火防治病虫害，提高森林质量成为更紧迫的任务。为了严密监测火情、及时化解风险，实行望火楼火情瞭望工作双人24小时上岗。防火瞭望员每天重复着瞭望、记日记、报告这些单调的工作，每隔15分钟瞭望一次，每天需要瞭望96次，近10个月的防火期需要瞭望2.8万次左右。60多年来，曾经有20多对夫妻在望海楼驻守过。③守望绿海不仅要克服孤单寂寞，而且还要面对自然风险。夏季的雷雨天，高耸的望火楼成为"吸雷针"，火球经常往屋里钻，极其危险。除了孤单就是寂寞，没有内心的坚定，怎堪外界诱惑！在五彩斑斓的花花世界里是很难理解防火瞭望员的生活格调

① 参见朱悦俊、段宗宝：《美丽塞罕坝》，天地出版社2019年版，第107页。
② 参见刘毅、史自强：《"塞罕坝"是怎样铸成的》，《人民日报》2017年8月5日第4版。
③ 参见潘文静、段丽茜、李巍：《用生命书写绿色传奇——塞罕坝机械林场三代人55年艰苦奋斗造林纪实》，《河北日报》2017年6月26日第1版。

的，但也正是他们用青春守护着最具生命力的颜色。

　　第三代塞罕坝人继承前辈人的艰苦创业精神，继续投身于社会主义绿化事业，接力守护塞罕坝林场。与塞罕坝创业者所处的时代相比，塞罕坝林场的整体情况出现了根本好转，但是相对80后、90后的成长环境来说仍然比较落后。据塞罕坝机械林场场长于士涛回忆，大学刚毕业来到塞罕坝时面对艰苦的工作环境，也曾经历一个自我心理调适过程。塞罕坝的冬天寒风凛冽、冰冻刺骨，即使进行吃饭喝水上厕所等日常活动也要克服很多困难，何况还要每日重复着间伐树木、修枝打杈等繁重劳动。工作归来，没有手机、没有电视消遣，更没有同伴交流，只有长夜漫漫的孤寂。然而，在领导和前辈的开解下，在创业者爱岗敬业精神的鼓舞之下，于士涛还是选择留在塞罕坝，并全身心投入到植树造林工作中。他几乎把所有的时间都献给林业建设，用心用行动去了解每一片林子、每一棵树，以至于他也能像顾殿江师傅一样对每片林子的位置、面积和生长情况都了如指掌。2005—2019年，于士涛先后主持完成营造林近20万亩，完成病虫害防治15万余亩，完成大田育苗200多亩。[1]适应塞罕坝的工作环境是前提，肩负起护林责任才是根本。正如于士涛所说："一棵树需要几十年的精心呵护才能成材，而毁掉一棵树只需几十秒。"[2]塞罕坝第二代、第三代建设者的视野越来越开阔，知识越来越丰富，也有了更多的选择。然而，高原地区的工作条件仍然很艰苦，孤单寂寞的生活也是日

---

[1]　参见《大力学习弘扬塞罕坝精神加快建设经济强省美丽河北——塞罕坝机械林场先进事迹报告会发言摘登》，《河北日报》2019年10月27日第4版。

[2]　李德坤、曹明：《茫茫荒原崛起绿色奇迹——塞罕坝机械林场五十余载建设发展样本意义》，《雷锋》2019年第10期。

常考验。他们选择守护这片林，并把这种使命担当精神转化为对工作的热情，全力克服工作中的每一个难题，努力为提升森林质量奉献青春和热血。塞罕坝建设者发扬艰苦创业、敢于奉献的精神，对植树造林事业饱含赤忱，终将沙漠变成绿洲。他们坚持理论联系实际，持之以恒做好每项工作，必然引领塞罕坝林场走向更美好的未来。

### （三）战胜困难和挫折的动力引擎

在塞罕坝林场的建设过程中，不仅有日常生活的艰苦磨难，还要经常面对重大难关险关的严峻挑战。2012年12月，习近平总书记在广东考察时指出："实践发展永无止境，解放思想永无止境，改革开放也永无止境，停顿和倒退没有出路。我们要坚持改革开放正确方向，敢于啃硬骨头，敢于涉险滩，既勇于冲破思想观念的障碍，又勇于突破利益固化的藩篱。"[①]在实践中碰到的困难和障碍是现实性的障碍，既包括客观物质条件的局限，又包括已有观念和体制的束缚。要从现实的"有限性"的禁锢中挣脱出来，必须不断深化对客观规律的认识，超越已有思想观念的挟制，冲破现有客观条件的局限，大胆质疑、善于思考，勇于推动实践的发展。塞罕坝人凭借顽强的毅力和坚韧的勇气，跌倒了再爬起，失败了再努力，砥砺前行克服了重重困难和挫折，终于迎来绿色满山。

20世纪60年代，塞罕坝人响应党和国家的号召，紧跟时代步伐，选择到最艰苦的地方实现自己的人生价值，以敢为天下先的壮志豪情投身植树造林的创业历程。在艰苦的自然条件和生活条件下

---

① 《习近平在广东考察时强调 增强改革的系统性整体性协调性 做到改革不停顿开放不止步》，《人民日报》2012年12月12日第1版。

生存，需要坚定的理想信念和顽强的意志品质。恶劣的生存条件并不是唯一的困难，如何在苦寒之地将树种活是塞罕坝建设者要面对的重大障碍。长期以来的植被破坏导致土壤贫瘠、立地条件差、造林难度大。1962—1963年，林场种植树苗2000多亩，可是绝大部分都没有成活。几年奋战却打了水漂，连续性的失败给塞罕坝人造成巨大的心理压力。正值军心不稳，又发生了"孟继芝事件"。有的同志思想动摇了，甚至主张林场"下马"。在塞罕坝领导班子的带领下，塞罕坝建设者重拾信心，反复探索失败的原因和症结，深入调研寻找适宜的树种和适宜种树的区域，开展了提振士气的"马蹄坑大会战"。在全体职工的共同努力下，植树造林终于出现转机。

创业艰难，守业的路上也充满艰辛，仅有一腔热情是不够的，还要有百折不挠的意志和解决难题的信心和决心。塞罕坝建设者不仅克服了恶劣的自然条件、生活条件和工作条件，而且经受住了政治风浪的考验。"文化大革命"期间，林业事业受到严重冲击。一方面，林业管理机构被撤销，专业干部和技术人员大量流失；另一方面，在全国范围内出现毁林开垦、过度采伐的现象，导致森林资源遭到严重破坏，水土流失面积不断扩大。"据1979年的森林更新普查：在国有林区更新欠账86万公顷，集体林区更新欠账7万公顷……全国有林地面积减少660多万公顷；用材林蓄积减少8.5亿立方米；森林覆盖率由12.7%下降为12%。"[1]受极左思想影响，塞罕坝林场的很多干部职工遭到诬陷和迫害，张启恩被打成"资产阶级反动学术权威"，因为贻误治疗时机落下终身残疾；刘文仕被扣上

---

[1]　刘东生：《中国林业六十年历史映照未来》，《绿色中国》2009年第19期。

"走资派"的帽子，长期被批斗和强制劳动……。但是，塞罕坝人仍然坚持"抓革命、促生产"，完成了规定性的造林任务。1966年以前种植3.4万亩，1966年种植5万亩，1967年种植6万亩，1968年种植5万亩，1969年种植5万亩，1970年种植6万亩，1983年塞罕坝上的有林地面积已经达到了110万亩。[1]

塞罕坝林场还要随时应对突如其来的自然灾害。1977年，林场遭遇了严重的雨凇灾害，约有57万亩林地受灾，20万亩树木被压弯、压折，林场十多年的劳动成果损失过半；1980年，林场又遭遇了百年难遇的大旱，约有12万亩树木旱死。[2]据记载，在林场历史上曾暴发过6次大面积虫灾，其中2002年松毛虫来袭，林木受灾面积达40万亩。松毛虫最长的时候相当于一根烟那么长，一棵树能达到上万只，可以在很短的时间内将叶子吃得精光。[3]但是，塞罕坝人没有被击垮，勇敢面对困难和挫折，积极开展生产自救活动。他们流着眼泪清理残枝断木，用了七八年时间进行树木补种。[4]为了更好地防治病虫害，塞罕坝林场的科技人员长期观察各种害虫的生活习性，绞尽脑汁探索有效的防治方法；防治员经常半夜2点就要出发实施喷烟作业，工作周期要持续几个月。[5]绿水青山绝非一朝一夕之功，任重而道远。60多年来，塞罕坝林场经历了风风雨雨，面对困难不动摇，遇到挫折不退却，始终

---

① 参见李青松：《塞罕坝时间》，《绿色中国》2017年第17期。

② 参见刘毅、史自强：《"塞罕坝"是怎样铸成的》，《人民日报》2017年8月5日第4版。

③ 参见刘毅、史自强：《这片林子，就是我们的命根子》，《人民日报》2017年8月6日第5版。

④ 参见董立龙：《55载，记录坝上这片绿——河北媒体人的塞罕坝情缘》，《河北日报》2017年8月24日第5版。

⑤ 参见陈二厚、张洪河等：《从一棵树到一片"海"——塞罕坝生态文明建设范例启示录》，新华网 http://www.xinhuanet.com/politics/2017-08/03/c_1121428270_2.htm。

保持一腔热情坚持种树护树，以顽强毅力和坚韧干劲跋涉前行。

党的二十大报告指出，"中国式现代化是人与自然和谐共生的现代化"，"必须牢固树立和践行绿水青山就是金山银山的理念，站在人与自然和谐共生的高度谋划发展"①。2023年7月，习近平总书记在全国生态环境保护大会上强调："把建设美丽中国摆在强国建设、民族复兴的突出位置，推动城乡人居环境明显改善、美丽中国建设取得显著成效，以高品质生态环境支撑高质量发展，加快推进人与自然和谐共生的现代化。"②在新的历史条件下，党和国家从建设社会主义现代化强国、实现中华民族伟大复兴的高度部署生态文明建设，为进一步加强生态环境保护、推进生态文明建设指明了前进方向。塞罕坝作为京津地区的水源卫士、风沙屏障，坚持以更高站位、更宽视野、更大力度来谋划和推进新征程生态环境保护工作，以"二次创业"为主线，统筹推进塞罕坝精神宣传教育工程，森林草原"防火墙"工程，自然保护地系统化保护工程，林草生态价值转化工程，森林资源培育与质量提升工程，绿色产业培育壮大工程，管理机制改革创新工程，基础设施补短板八大工程，积极打造新时代生态文明建设示范区。美好的前景总是与困难挫折相伴而生，塞罕坝建设者不惧新挑战、直面新问题，更加自觉地坚持求真务实精神，为建设人与自然和谐共生的现代化贡献力量。

---

① 习近平：《高举中国特色社会主义伟大旗帜 为全面建设社会主义现代化国家而团结奋斗——在中国共产党第二十次全国代表大会上的报告》，《人民日报》2022年10月26日第1版。
② 《习近平在全国生态环境保护大会上强调 全面推进美丽中国建设 加快推进人与自然和谐共生的现代化》，《人民日报》2023年7月19日第1版。

### （四）实现持续发展的战略要求

实践的发展没有终点，理论创新、制度创新也没有止境，人们不可能穷尽一切客观规律。"我们要用历史映照现实、远观未来，从中国共产党的百年奋斗中看清楚过去我们为什么能够成功，弄明白未来我们怎样才能继续成功，从而在新的征程上更加坚定、更加自觉地牢记初心使命、开创美好未来。"[①] 在塞罕坝开展植树造林，每一个阶段都有自己的目标任务，每个阶段都有自己要破解的难题。只有不断改革创新，才能不断契合时代发展的新要求，实现经济社会发展的新目标。体制机制具有基础性、持久性和稳定性，可以为经济社会发展注入更持久和更深层的动力源泉。"加强国家治理体系和治理能力现代化建设，破除制约高质量发展、高品质生活的体制机制障碍，强化有利于提高资源配置效率、有利于调动全社会积极性的重大改革开放举措，持续增强发展动力和活力。"[②] 半个多世纪以来，塞罕坝林场坚持艰苦奋斗、改革创新，不断明确目标定位、理顺体制、完善机制，为走高质量发展道路提供了制度保障。蓝图已经绘就、目标已经明确，必须统一思想、坚定信心、凝聚共识，最大限度地集中智慧，最大限度地调动一切积极因素，发挥敢闯敢试、敢为天下先的勇气和魄力。

在计划经济体制下，塞罕坝林场由林业部（1968年年底归河北省林业厅）统一领导，主要依靠行政手段动员调配资源，推进植树造林事业。1964年，塞罕坝机械林场党委书记王尚海带领林场部分

---

① 习近平：《在庆祝中国共产党成立100周年大会上的讲话》，人民出版社2021年版，第10页。

② 《中共中央关于制定国民经济和社会发展第十四个五年规划和二〇三五年远景目标的建议》，《人民日报》2020年11月4日第1版。

政工干部特意前往黑龙江大庆深入学习大庆精神（铁人精神），并动员全场职工学习大庆精神（铁人精神）开展林业大会战。[①]此外，为了激发林场职工的造林热情，塞罕坝林场还开展了学习大寨精神、雷锋精神等活动。在党和国家的总体部署下，在塞罕坝领导班子的带领下，塞罕坝建设者用超乎常人的意志，克服了自然条件、物质条件和技术条件的局限，圆满完成了造林任务。20世纪80年代后，塞罕坝林场转入营林为主、造林为辅的新阶段，致力于走可持续发展道路。一方面，按照市场化需求加强木材产业管理的改革，推动木材销售模式的创新。通过严格规范木材账目和相关责任人，从根本上杜绝了跑冒滴漏的问题。鉴于以往木材销售渠道过于单一、木材销售方式过于粗放等问题，塞罕坝林场大力拓宽销售渠道，逐步发展木材零售、竞价销售、订造材销售、活力木竞价销售等多种方式，使得林场的经济效益大幅度提高。另一方面，发展森林旅游、苗木等产业，探索多种经营之路。塞罕坝林场先后成立森林旅游开发公司、绿苑工程公司，着重探索适宜的市场化经营模式，拓宽林场的收入来源，促进林场产业结构的优化，并带动区域经济的协同发展。2010年6月，时任全国绿化委员会副主任、国家林业局局长贾治邦到塞罕坝机械林场视察时指出："要按照'分类经营、政策扶持、创新机制、促进发展'的原则，坚持生态建设一条主线，处理好生态与产业、兴林与富民两个关系，抓住依靠科技、依靠改革、依靠经营管理三个依靠，实现面积

---

① 参见赵云国：《塞罕坝创业英雄谱》，河北人民出版社2019年版，第55—56页。

增加、质量提高、结构优化、发展持续四个目标。"① 同时，进一步加强制度管理，健全业务培训、人才交流和用人机制，完善目标责任考核制度，打造无缝衔接、全过程闭环管理模式。2015年2月，中共中央、国务院印发《国有林场改革方案》，明确规定了国有林场改革的总体要求、主要内容、政策体系和组织保障，为国有林场改革发展指明了方向。2020年5月，河北省塞罕坝机械林场印发《全面开启二次创业新征程 推进林场改革发展实施方案》，强调着力推动创新发展、绿色发展、高质量发展，把塞罕坝林场建设成为人与自然和谐共生的全国现代化国有林场建设标兵和生态文明示范区。总结以往的发展历程可以看出，塞罕坝林场坚持以艰苦奋斗、开拓创新为支撑，成功走上可持续发展之路。

近年来，塞罕坝机械林场进一步加强科技造林育林护林，进一步突出科学技术在林业攻坚克难中的关键作用，积极探索科创赋能林业高质量发展的道路。在防火工作方面，坚持"防"字当头，从人防、分时段防到构建人防技防物防相结合的全天候、全方位、立体火情监控网络。目前，已建成了"火灾预警监测网、生态安全隔离网、防火隔离带阻隔网"三大防护网，以及由11颗卫星、43个摄像头、7个探火雷达、一支无人机中队等组成的智能防火监测体系。② 当遇到雷击天气时，系统能准确标注出具体经纬度、时间、强度和类型。如果距离林场边界10公里以内范围出现雷击（接地雷），且强度超过

---

① 刘春延：《大力发扬塞罕坝精神 争做国有林场改革发展排头兵》，《中国绿色时报》2010年7月9日第1版。

② 参见郭峰、陈宝云、贾楠：《续写新的绿色奇迹》，《河北日报》2022年6月6日第1版。

50千安，指挥中心会发出预警，并以短信推送给附近的护林员，以便护林员赶赴现场排除风险隐患。[①]在防治病虫害工作方面，从人工喷洒到机器的标准化、规模化作业，从使用高毒药剂到采用仿生药剂、植物药剂，确保低毒无公害，精准、高效防治，全力维护森林生态平衡。现在，直升机一个机次能喷洒800公斤药剂，覆盖2000亩林地，两三天就能完成林场病虫害防治任务。[②]目前，塞罕坝病虫害成灾率始终保持在千分之二以内，稳稳处于"成灾率不高于千分之三点三"的红线之内。在森林抚育工作方面，从种植落叶松、樟子松和云杉等相对单一的耐寒针叶林到种植柞树、花楸、紫叶稠李等阔叶树种，采用针叶、阔叶等混交的方式，构建多树种、多层次、复合式的森林结构，使乔木、灌木、草本、地衣苔藓、动物、微生物等处于均衡有序状态，让森林生态系统更加稳定、更加健康。[③]《河北省塞罕坝机械林场营造近自然异龄混交林工作方案》（以下简称《方案》）于2023年6月正式印发。《方案》规划到2040年，林场混交林面积新增24.4万亩，总面积达到49万亩，混交林占比超过40%。同时，林场着力加强人才培养、促进科研项目合作、推动培育协作创新平台，注重专业技能型实用人才的培养，加快探索科技成果转化，为高水平保护和高质量发展提供重要科技支撑。2014年，塞罕坝机械林场获得中国CFCC森林认证证书。2019年，塞罕坝机械林场被确定为履行《联合国森

---

① 参见张腾扬：《河北塞罕坝机械林场 科技续写绿色奇迹》，《人民日报》2022年7月7日第14版。

② 参见寇江泽：《接力续写绿色传奇》，《人民日报》2022年5月6日第7版。

③ 参见张腾扬：《河北塞罕坝机械林场 科技续写绿色奇迹》，《人民日报》2022年7月7日第14版。

林文书》示范单位，成为中国森林可持续经营技术和成果示范展示平台。2021年11月，塞罕坝机械林场与国家林草局科技司等部门共建了塞罕坝林草科学研究院。2022年4月，塞罕坝机械林场与中国科学院、中国农科院、中国林科院、北京林业大学、河北省科技厅、河北省林草局等14家单位组建了塞罕坝生态文明研究院。2023年5月，河北省塞罕坝机械林场被国家林草局授予首批国家林草科普基地。从机械化造林到智慧化森林经营，依托科技续写绿色奇迹，前行的脚步更加坚定有力。

## 四、坚持躬身实干，做新时代的奋进者

塞罕坝人靠着艰苦创业精神战胜了重重艰难险阻，创造了人间绿色奇迹。继承和发扬艰苦创业精神，必须积极顺应时代发展的新趋向，科学把握时代发展的新要求。

### （一）树立正确的消费观

塞罕坝林场是在一穷二白的基础上起步的，既缺乏技术、经验，又没有充足的资金支持，连基本的吃喝都无法保障，却要挑战在高寒、高海拔地区植树造林这一艰巨的历史任务，其所要面对的困难都是非常罕见的。"近些年，塞罕坝开始在砾石阳坡、沙化地块等作业难度大的地块上开展攻坚造林项目，每亩地造林投资要上千元，而国家项目投入只有300元，资金缺口巨大。"[①]塞罕坝人继续发扬艰苦创业精神，靠自我发展解决资金难题，圆满完成了造林攻坚项目。

---

① 朱悦俊、段宗宝：《美丽塞罕坝》，天地出版社2019年版，第228页。

总结塞罕坝的历史经验，如果没有艰苦创业的精神支撑，没有后继者赓续传承的不懈努力，是不可能实现塞罕坝的惊世巨变的。弘扬艰苦创业精神并不是让大家继续吃糠咽菜、穿补丁衣服、住窝棚和地窨子，宣扬艰苦创业过时论本身是对艰苦创业精神的误解。弘扬塞罕坝精神，首先要矢志不渝振奋艰苦创业的精神，树立正确的消费观。随着经济的快速发展和物质生活水平的提高，享乐主义、拜金主义思想有所滋长，艰苦奋斗、勤俭节约的意识有所淡化，炫耀性消费、超前消费、过度消费等问题比较严重。炫耀性消费、超前消费、过度消费等都是消费主义的表现形式，是附属于资本增殖逻辑的意识形式，对我国许多领域产生负面影响。尤其是在资源短缺、生态环境脆弱、环境容量超载的情况下，消费主义泛滥所产生的负面影响可见一斑。《世界能源统计年鉴2023》显示，尽管可再生能源增长较快，但是并没有改变化石燃料的主导地位；除了西欧外，包括东欧在内的全球各地能源消耗都在增长；石油产量每天增长380万桶，其中最大份额来自OPEC成员国和美国；液化天然气（LNG）产量增长了5%，其中大部分增长来自北美和亚太地区；煤炭产量比上年增长了7%，中国、印度和印度尼西亚贡献了煤炭消费的大部分增长。[①] 巨大的能源消费不仅意味着巨大的能源资源消耗，而且需要巨大的二氧化碳排放空间。相对于我国的人口基数、资源环境储备值而言，不恰当的消费模式将使得资源枯竭、生态退化、全球气候变暖等生态问题更加突出。弘扬塞罕坝精神，贯彻尊重自然、顺应自然和保护自然的理念，必须树立正确的消费观，倡导简约适度、绿色低碳的生活方式。

---

① 参见刘玲玲：《2022 年化石能源占比仍高达 82%》，《中国煤炭报》2023 年 7 月 4 日第 7 版。

　　强调勤俭节约、反对铺张浪费是立足于世情、国情所作出的必然选择。从国际看，帝国主义、霸权主义仍然到处兴风作浪，发达国家和发展中国家两极分化的状况持续扩大，发展中国家的境遇非常艰难。《2023年全球粮食危机报告》显示，2022年在58个国家和地区共有2.58亿人处于危机以上级别重度粮食不安全状况，全球重度粮食不安全状况仍在恶化。而且，由于经济冲突、气候变化和极端天气事件等因素相互交织、叠加共振，进一步加剧了粮食不安全和营养不良状况。①从国内看，虽然经济社会取得举世瞩目的成就，但是人口基数大、人均资源量少是我国的基本国情，全面建成小康社会、脱贫攻坚的战略成果还需要进一步巩固。我们必须清醒地认识到，我国仍是世界上最大的发展中国家，发展不平衡不充分的矛盾尚未解决，物质产品远没有达到极大丰富。如果艰苦创业精神丧失，不仅会降低个人道德素质，而且会影响民族的进步、社会的完善以及人类社会的持续发展。"巩固和发展社会主义制度，还需要一个很长的历史阶段，需要我们几代人、十几代人，甚至几十代人坚持不懈地努力奋斗，甚至几十代人坚持不懈地努力奋斗，决不能掉以轻心。"②要应对复杂的国际国内形势，必须发扬勤俭节约的精神，反对一切铺张浪费的思想和行为。"一粥一饭，当思来之不易；半丝半缕，恒念物力维艰。"2013年，习近平总书记在新华社一份《网民呼吁遏制餐饮环节"舌尖上的浪费"》材料上作出批示，要求"浪费之风务必狠

---

① 参见 "Global Report on Food Crises 2023"，https://www.fsinplatform.org/sites/default/files/resources/files/GRFC2023-hi-res.pdf。
② 《邓小平文选》第三卷，人民出版社1993年版，第379—380页。

刹",并强调坚决杜绝公款浪费现象。2020年8月,习近平总书记对制止餐饮浪费行为作出重要指示,强调"要加强立法,强化监管,采取有效措施,建立长效机制,坚决制止餐饮浪费行为"[①]。"历览前贤国与家,成由勤俭败由奢。"新时代坚持和发展中国特色社会主义的总目标是在本世纪中叶建成富强民主文明和谐美丽的社会主义现代化强国,满足人民群众日益增长的美好生活需要,更好地推动人的全面发展和社会的全面进步。厉行节约、反对浪费是中华民族自古以来就有的传统美德,不仅是防范化解风险的有效措施,而且是支撑国家繁荣昌盛的一种战略储备。弘扬塞罕坝精神,勇于直面困难,矢志艰苦奋斗,是实现中华民族伟大复兴的必然要求。弘扬艰苦创业精神,树立正确的消费观,需要全社会的协同努力。从个人层面讲,要从日常生活的点滴着手,养成勤俭节约的良好习惯。从社会层面讲,要加强宣传教育,培育崇尚节约的文化,倡导健康文明的生活方式和消费方式。从国家层面讲,要明确细则规范,健全奖惩机制,完善节约制度,形成全面节约的长效机制。总之,要让勤俭节约在全社会蔚然成风,必须制止铺张浪费、奢侈挥霍的不当行为,鼓励简约朴素的生活态度,大力营造文明健康的社会风尚。

**(二)在"为"字上下功夫**

"为"字当头,以实干为先,以干成为不懈追求。路要一步一步地走,饭要一口一口地吃,任何事业都是一点一滴、脚踏实地干出来的。苦干不是被动忍受、消极等待,而是要积极作为、勇于担当。不

---

① 《习近平作出重要指示强调 坚决制止餐饮浪费行为切实培养节约习惯 在全社会营造浪费可耻节约为荣的氛围》,《人民日报》2020年8月12日第1版。

仅要保持实干的风格，而且要有干成的决心和意志。如果光喊口号，没有行动落实，肯定什么也干不成。任何宏伟的蓝图要变成现实愿景，既要有长远的战略谋划，又要有一心一意的从业态度和精耕细作的务实作风。党的十八大以来，习近平总书记多次强调"空谈误国，实干兴邦"，意义正在于此。塞罕坝的成就不是上天赐予的，而是一代又一代塞罕坝建设者接续奋斗干出来的。从幼苗长成参天大树，从一棵树到一片"海"，每一个环节都见证着塞罕坝人的实干精神。以改造苗圃为例，现在的苗圃之所以平平整整，是第一代塞罕坝人加班加点、昼夜颠倒苦干出来的，其中的艰辛不是三言两语能够描述的。当时有一处高台阶苗圃是山间苗圃，占地约100亩，很多是涝塔子地，土层地下全是蜗牛石，无法机械作业。整个苗圃的改造过程全部是人工作业，而且主要是女同志参与，耗时三四年，没有实干的精神是根本无法完成的。[1]进入21世纪以来，相对肥沃的地区已经种植完成，塞罕坝林场开始在石质荒山这种作业难度更大的区域种树。石质荒山土壤贫瘠、岩石裸露、蒸发快速，需要数倍的劳动和人力物力投入。在这种地方种树，第一项工作是凿石挖坑。据李永东说，当时北京市一所高中的学生来体验生活，几十名学生半天也没凿出一个坑来。一亩地要挖55个坑，7.5万亩地要挖412.5万个树坑，这些树坑是塞罕坝人以满手血泡的代价一锤一镐挖凿出来的。[2]不过，最难的还不是凿坑，而是搬运苗木上山，坡陡地滑只能靠骡子驮或者人背，常年背苗

---

① 参见朱悦俊、段宗宝：《美丽塞罕坝》，天地出版社2019年版，第165—167页。
② 参见陈二厚、张洪河等：《从一棵树到一片"海"——塞罕坝生态文明建设范例启示录》，新华网 http://www.xinhuanet.com//politics/2017-08/03/c_1121428270.htm。

子的人后背都有麻袋和绳子深深勒过留下的疤痕。①60多年来，无论自然环境多么恶劣、生活条件多么艰苦、境遇多么艰难，塞罕坝人从未被吓退，一以贯之发扬艰苦创业精神，一心扑在植树造林事业上。塞罕坝人追求的不是轰轰烈烈的表面风光，而是着眼履职尽责、久久为功、善做善成的根本。弘扬塞罕坝精神，就是要在"为"字上下功夫，不仅要专注于所从事的工作，而且要精益求精，努力做成。

实干精神永不过时，担当作为永远熠熠生辉。重实干就是坚持实践至上、知行统一的观点。实践是连接主观与客观的桥梁，只有经过实践活动才能将意识的东西转化为现实的东西，使客观世界发生符合意愿的变化。实践具有继承性，每一次实践活动都是在以往实践活动的基础上进行的，并转化成为新的实践活动的基础。经过新中国成立以来特别是改革开放40多年的不懈奋斗，我们已经拥有开启新征程、实现新的更高目标的雄厚物质基础。新中国成立不久，我们党就提出建设社会主义现代化国家的目标，未来30年将是我们完成这个历史宏愿的新发展阶段。②然而，越是接近目标，形势越复杂、任务越艰巨，更要一鼓作气、坚持不懈、真抓实干。当然我们不能回避的是，现在一些同志在工作中存在畏难情绪，做事懈怠、慵懒散漫，缺乏刻苦努力的精神。这种精神状态与我们要完成的伟大事业不相匹配，与我们所肩负的责任和使命不相容，与社会主义核心价值观相背离。要消除这种负面思想，必须弘扬艰苦创业精神，调动全体社会成员的

---

① 参见陈二厚、张洪河等：《从一棵树到一片"海"——塞罕坝生态文明建设范例启示录》，新华网 http://www.xinhuanet.com//politics/2017-08/03/c_1121428270.htm。
② 参见《深入学习坚决贯彻党的十九届五中全会精神　确保全面建设社会主义现代化国家开好局》，《人民日报》2021年1月12日第1版。

积极性、创造性。习近平总书记指出："要真正做到一张好的蓝图一干到底，切实干出成效来。我们要有钉钉子的精神，钉钉子往往不是一锤子就能钉好的，而是要一锤一锤接着敲，直到把钉子钉实钉牢，钉牢一颗再钉下一颗，不断钉下去，必然大有成效。"[①]新时代呼唤新作为，要加快建设现代化经济体系，发展社会主义民主政治，推动社会主义文化繁荣，促进人与自然和谐共生，必须鼓舞全国人民的斗志，凝聚实干力量。面对新的时代重任、新的磨难曲折，必须克服精神懈怠的危险，发挥艰苦创业精神，勠力同心为全面建成社会主义现代化强国贡献力量。

### （三）切实改进工作作风

艰苦创业是人们在长期艰苦奋斗中形成的优良传统和作风，是人们在思想、工作和生活等方面表现出来的比较稳定的态度或行为风格，具有积极的示范效应和强大的影响力。塞罕坝的百万亩林海是艰苦创业精神的结晶，是塞罕坝人优良思想作风、生活作风和工作作风的最有力证明。塞罕坝林场之所以能够一次又一次完成造林任务，领导干部起了关键作用。当连续两次造林失败导致人心浮动时，塞罕坝林场领导班子主动将家属带到坝上，稳定军心。为了摸清造林失败的原因，塞罕坝林场领导班子身先士卒带领中层干部和技术人员，跑遍全场1000平方公里的山山岭岭进行深度调研。[②]在具体的造林过程中，总场和分场的领导也都下到各作业点去指挥和工作，与职工同吃同住同劳动。在冬季寒冷的时候，党委书记王尚海下令："领导干部

① 《习近平关于全面建成小康社会论述摘编》，中央文献出版社2016年版，第188页。
② 参见朱悦俊、段宗宝：《美丽塞罕坝》，天地出版社2019年版，第137页。

睡门口，让群众睡里头！"①干活的时候，领导要抢在前面；分东西的时候，领导不搞特殊化。领导干部处处做到严以律己、以身作则，激发了群众的思想认同和情感共鸣。普通职工向领导干部看齐，根本不以苦为苦，将吃苦耐劳看成是理所当然的事情。整个林场就像一个大家庭，每一个同志都能保持艰苦创业的精神状态，不遗余力为植树造林作贡献，形成积极向上的政治生态。塞罕坝人大力弘扬艰苦创业的作风，顽强拼搏、永不言败，完成了几乎不可能完成的任务。学习塞罕坝精神，必须传承艰苦创业作风，锲而不舍地推动作风建设提质增效。

艰苦创业不只是塞罕坝人的优良作风，也是中华民族的传统美德，更是中国共产党人的政治本色。党和国家的历代领导人都高度重视艰苦奋斗，对改进党的作风提出具体要求。1949年，毛泽东同志在党的七届二中全会上向全党提出："务必使同志们继续保持谦虚、谨慎、不骄、不躁的作风，务必使同志们继续地保持艰苦奋斗的作风。"②"党的十一届三中全会以后，邓小平同志一再告诫全党：中国搞四个现代化，要老老实实地艰苦创业。我们穷，底子薄，教育、科学、文化都落后，这就决定了我们还要有一个艰苦奋斗的过程。"③1996年，江泽民同志在纪念抗大建校六十周年大会上指出："大家应该永远发扬艰苦奋斗的革命精神和艰苦朴素的优良作风，永远保持我们党和军队的无产阶级性质和政治本色。"④2007年，胡锦涛

① 蒋巍：《塞罕坝的"定海神针"》，《光明日报》2017年8月25日第15版。
② 《建国以来刘少奇文稿》第三册，中央文献出版社2005年版，第521页。
③ 《改革开放三十年重要文献选编》下，人民出版社2008年版，第1272页。
④ 《江泽民论加强和改进执政党建设（专题摘编）》，中央文献出版社、研究出版社2004年版，第390页。

同志在党的十七大报告中指出："一定要戒骄戒躁、艰苦奋斗，牢记社会主义初级阶段基本国情，为党和人民事业不懈努力。"①2017年，习近平总书记在党的十九大报告中强调："全党一定要保持艰苦奋斗、戒骄戒躁的作风，以时不我待、只争朝夕的精神，奋力走好新时代的长征路。"②一百多年来，无论是在新民主主义革命时期、社会主义革命和建设时期、改革开放和社会主义现代化建设新时期，还是奋进在中国特色社会主义新时代，中国共产党领导全国各族人民，始终坚持同心同德、不畏艰险，战胜了一个又一个困难，形成了艰苦奋斗的优良传统，并将其转化为党的优良作风。中国正处于近代以来最好的发展时期，也是实现中华民族伟大复兴的关键时期。同时仍需看到，享乐主义、奢靡之风、形式主义、官僚主义在一定程度仍然存在，在一些地方和单位表现得还比较突出，严重损害党员干部在人民群众心中的形象，影响社会主义事业的健康发展。在新形势下，做新时代的奋进者，弘扬艰苦创业精神，必须促进工作作风转变，加大力度惩治"四风"问题。作风建设永远在路上，"一定要认清'四风'的严重性、危害性和顽固性、反复性，锲而不舍、驰而不息抓下去"③。首先，必须以政治建设为统领，抓好作风建设。政治建设决定作风建设的方向和效果，如果作风建设出现问题，多数是因为政治建设出现偏差。必须严明政治纪律、政治规矩，强化马克思主义信仰

---

① 《十七大以来重要文献选编》上，中央文献出版社2009年版，第43页。
② 习近平：《决胜全面建成小康社会 夺取新时代中国特色社会主义伟大胜利——在中国共产党第十九次全国代表大会上的报告》，人民出版社2017年版，第69—70页。
③ 中共中央文献研究室、中央党的群众路线教育实践活动领导小组办公室编：《习近平关于党的群众路线教育活动论述摘编》，党建读物出版社、中央文献出版社2014年版，第71页。

和为人民服务的宗旨意识，提高政治觉悟和党性修养。要加强和规范党内政治生活，净化党内政治生态，营造风清气正的作风环境。其次，必须抓好关键少数。党员干部是旗帜，是干事创业的风向标，担当着继承和发扬艰苦创业作风的重要责任。必须坚决反对特权思想和特权现象，全面深化惩治和预防腐败体系建设，从严从实抓好干部的选拔、培养、监管和任用工作。再次，必须完善作风建设长效机制。制度是关系党和国家事业发展的根本性、全局性、稳定性、长期性问题。党中央下大力气解决"四风"问题，出台了《十八届中央政治局关于改进工作作风、密切联系群众的八项规定》《党政机关厉行节约反对浪费条例》等一系列规范性文件，为加强作风建设提供依据。必须全面增强全体党员的纪律意识、制度意识，不断深化巩固八项规定的积极成果。最后，要完善党内监督、社会监督、群众监督，健全日常检查、专项检查、综合检查，扎好制度笼子，强化规范约束，推动作风建设的常态化。

### （四）不断增强自主创新能力

艰苦创业精神的落脚点是自主自强，强调不必受制于人或某种情境，具备自力更生、自我超越的能力。增强自主创新能力即自主掌握核心技术和关键知识产权，当面对复杂问题时，能够拓宽思路，快速切中要害，找到有效解决方案。艰苦创业和自主创新均蕴含了"创造"的灵魂，增强创新能力是实现艰苦创业目标的必要条件，弘扬艰苦创新精神必然要求不断增强自主创新能力。2020年10月，习近平总书记在党的十九届五中全会上强调："坚持创新在我国现代化建设全局中的核心地位，把科技自立自强作为国家发展的战略支撑，面向世界科技前沿、面向经济主战场、面向国家重大需求、面向人民生命健康，深入实施科教兴国战略、人才强国战略、创新驱动发展战略，完善国家创新体系，加快建设科技强国。"①随着实践发展，新情况、新问题不断涌现，如果沿用过去的思维和方法，不仅无法适应新情况、新要求，而且难以达到改造客观世界的目标。

塞罕坝建设者勇于探索、攻坚克难，积累了丰富的创新智慧和实践经验，为林业战线树立了一个标杆，为提高自主创新能力树立了典范。植树造林本就是一项艰苦、枯燥的工作，而在高寒荒原、高海拔地区造林育林更是一项世界性难题。面对"几乎不可能完成的任务"，他们始终重视植树造林经验的积累、创新思维的培养，反对一味的硬干、蛮干，反对生搬硬套、墨守成规，主张因时因地制宜、知难而进、开拓创新。塞罕坝建设者养成善于提问、敢于提问的习惯，在每一个环节都追求最优化的解决方案，不断开阔思路，完善细节，全面深化对自然规律的认识，推动育苗、造林、护林、营林技术的全面提升。第一代塞罕坝人坚持科学造林的理念，不仅发明了全光育苗法、三锹半缝隙植苗法，攻克了在高寒、沙化、干旱条件下进行育苗的技术难题，而且对影响机械造林成活率的各个环节进行了分析总结，将植树机装配了自动给水装置，解决了苗木在植树机上的失水问题；将镇压滚增加了配重铁，解决了栽植苗木覆土挤压不实问题；将植苗夹增加了毛毡，解决了植苗夹伤苗问题。②第二代技术人员经过

---

① 《中共中央关于制定国民经济和社会发展第十四个五年规划和二〇三五年远景目标的建议》，《人民日报》2020 年 11 月 4 日第 1 版。

② 参见孙阁：《塞罕坝，牢记使命，书写绿色发展传奇》，新华网 http://www.xinhuanet.com/politics/2018-10/01/c_1123495517.htm。

反复试验，一方面创造了沙棘带状密植、柳条筐客土造林等方法，攻克了沙地造林难的问题；另一方面又摸索出了"十行双株造林""干插缝造林"等造林新办法，攻克了迹地更新造林的难题。[①] 第三代技术人员经过反复实践，通过高规格整地、选用良种壮苗、应用薄膜覆盖、客土、施基肥等技术措施，创造了不整地等行距不等株距造林方法，开拓了新的造林护林模式，切实提高了造林技术水平。[②] 随着人工造林技术越来越成熟，林场的森林面积越来越大，生物多样性不断提高，并更加生动起来。

塞罕坝人坚持创新思维，不断实现造林、营林、护林技术的新创造和新突破，推动植树造林、涵养水源、生态保护工作步上新台阶。习近平总书记指出："惟创新者进，惟创新者强，惟创新者胜。"[③] 弘扬艰苦创业精神，必须走好自力更生的自主创新道路。其一，必须培养创新思维。"问题是创新的起点，也是创新的动力源。"[④] 培养创新思维，必须学好用好辩证唯物主义和历史唯物主义的根本方法，牢牢把握习近平新时代中国特色社会主义思想的世界观和方法论，能够善于发现问题、分析问题，并在实践中改进方法，在探索中深化理论认识，推进思想方法、工作方法的不断改善。其二，必须增强攻坚克难的本领。当今世界正处于百年未有之大变局，国际形势复杂多

---

① 参见孙阁：《塞罕坝，牢记使命，书写绿色发展传奇》，新华网 http://www.xinhuanet.com/politics/2018-10/01/c_1123495517.htm。
② 参见《用汗水浇灌百万亩林海——河北塞罕坝机械林场张向忠森林管护案例》，《绿色中国》2019 年第 22 期。
③ 中共中央文献研究室编：《习近平关于科技创新论述摘编》，中央文献出版社 2016 年版，第 3 页。
④ 习近平：《在哲学社会科学工作座谈会上的讲话》，人民出版社 2016 年版，第 14 页。

变。中国所要面对的困难阻力往往比想象的还要多、还要大，所要处理的矛盾冲突新旧交织、错综复杂，必须跨越发展的"阿喀琉斯之踵"。弘扬塞罕坝精神，必须强化担当精神，敢于直面困难、不回避矛盾，以逢山开路、遇水架桥的勇气，不断解放思想、拓展思路，努力摆脱思维定式、习惯势力和路径依赖，以促进新概念、新思想和新方法的竞相涌现。必须自觉修炼善学善谋、善作善成的本领，立足实践，出实招、办实事、求实效，想作为、敢作为、善作为，创造性地开展各项工作，以战胜和化解各种挑战、风险和矛盾冲突。其三，必须营造开拓创新的氛围。积极进取、开放活跃的氛围能够更好地激发人的内在潜能，使人的积极性、主动性和创造性充分发挥出来，进而为科学成果的产生奠定有益土壤。只有营造开放宽松的环境，才能促进不同思想认识的更充分交流，形成思维碰撞下的头脑风暴，进而激发创新智慧的火花。塞罕坝人始终偏爱科学技术，注重发挥知识分子的作用，并注重创新的传承，不断降低劳动成本，努力提高植树造林成效，形成了良好的示范效应。创新思维就像空气和水一样，渗透到塞罕坝人的每一个细胞。弘扬塞罕坝精神，必须在延续性的活动中积累经验，在持续性的实践中提升能力，进而形成创新惯性；必须善于凝聚共识、集聚智慧、汇聚力量，创造性地完成工作任务。立足新发阶段，构建新发展格局，开启全面建设社会主义现代化国家新征程，必须统一思想、激发奋斗热情，聚焦最主要的矛盾，推动重点领域、关键环节的突破发展；必须把主观能动性发挥到极致，促进现有人力、物力资源的最佳整合，进而形成最有效的解决方案。

# 第四章

# 绿色发展
# 共生共荣

2021年1月，习近平总书记在省部级主要领导干部学习贯彻党的十九届五中全会精神专题研讨班开班式上指出："进入新发展阶段、贯彻新发展理念、构建新发展格局，是由我国经济社会发展的理论逻辑、历史逻辑、现实逻辑决定的。进入新发展阶段明确了我国发展的历史方位，贯彻新发展理念明确了我国现代化建设的指导原则，构建新发展格局明确了我国经济现代化的路径选择。"① 2022年10月，习近平总书记在党的二十大报告中强调："推动经济社会发展绿色化、低碳化是实现高质量发展的关键环节。"② 绿色发展是贯彻新发展理念、构建新发展格局的重要一维，因为生态环境的质量关系着民生的质量以及中国特色社会主义事业的总体布局。绿色发展强调将环境保护置于经济社会发展的关键位置，而发展理念的全面升级必然带动发展模式的深刻变革。坚持人与自然的共生共荣是坚持绿色发展的题中之义，体现了绿色发展与传统发展模式的根本区别。塞罕坝林场积极听从党的召唤，响应国家号召，始终牢记"为首都阻沙源、为京津涵水源"的神圣使命，坚定不移地走绿色发展之路，以超常的恒心

---

① 《习近平在省部级主要领导干部学习贯彻党的十九届五中全会精神专题研讨班开班式上发表重要讲话强调 深入学习坚决贯彻党的十九届五中全会精神 确保全面建设社会主义现代化国家开好局》，《人民日报》2021 年 1 月 12 日第 1 版。

② 习近平：《高举中国特色社会主义伟大旗帜 为全面建设社会主义现代化国家而团结奋斗——在中国共产党第二十次全国代表大会上的报告》，《人民日报》2022 年 10 月 26 日第 1 版。

和意志使高原荒漠重新恢复生机，成为新时代中国特色社会主义生态文明建设的生动样本。

## 一、绿色发展是塞罕坝精神的主题

塞罕坝林场的主要工作任务是植树造林、筑牢生态屏障，为首都阻沙源、为京津涵水源。绿色发展是塞罕坝林场最鲜明的特色，是塞罕坝精神的主题。半个多世纪以来，塞罕坝人从艰苦创业、砥砺守业到传承创新，以敢为天下先的勇气和坚韧不拔的意志战胜了各种困难和挫折，用青春、血汗、健康乃至生命诠释了初心和使命，缔造了荒原变林海的人间奇迹，为保护绿水青山、呵护美好家园贡献了智慧和力量。

### （一）标注塞罕坝精神的历史起点

塞罕坝精神的历史起点是指这一伟大精神形成的出发点，涉及塞罕坝精神为什么形成以及形成的历史过程等基本问题。它是基于以往人与自然关系的反思与批判，表达了塞罕坝建设者对人与自然关系的深化和拓展。自然界是人类生存和发展的基础，为人类物质生产、日常生活提供资料和能量，为人类精神活动提供对象和环境。自然界的运行规律是客观存在的，不以人的意志为转移。人类的实践活动必须在尊重自然界属性和规律的基础上进行，否则不但无法达到预期的目标，而且会遭到自然界的报复。自然界的空间和资源都是有限的，人类对自然界的开发和利用必须以生态系统的承载力和环境容量为基础，否则必然损坏人类生存和发展的根基。人类可以利用自然、改造自然，自然界也会以其特有的形式确证人类活动的性质和结果。只有维持生态系统的平衡稳定，才能保障人与自然物质变换过程的顺畅流通，为人类的生存和发展提供充分的物质资料和能量支持。反之，如果生态系统的平衡性、稳定性遭到破坏，则会破坏生态系统的运行机制，使人类的生产、生活不能顺利进行。

自然史与人类史是有机统一的。自然史是研究地球上生物和非生物的演化历史，而人类史则是研究人类社会的发展和演变。自然界的历史变迁是人类社会延续和发展的前提和基础，人类社会的演绎变迁也必然对自然界产生深远影响。考察世界历史的发展脉络，必须全面权衡人类、植物、动物以及整个无机界的复杂作用机制。新航路开辟之后，"哥伦布大交换继续进行，而且会永远继续下去。旧世界的人们继续享受着这种生物大战带来的福利；与此同时，美洲印第安人则继续死于旧世界疾病之下"①。一部人类历史也是人类的生态史，自然万物以不同的形式参与人类社会的发展变迁，人与自然的关系直接影响着人与人关系的演绎和进化。自然资源和自然空间的多样性是社会分工的前提和基础，并衍生了文明的多样性，推动两个半球走上不同的发展轨道。需要注意的是，人类活动对自然界所造成的负面影响很多时候不是立即呈现的，而是具有累积效应。"环境资源所导致的灾害性影响还会将人类带到一个严峻的分水岭，那就是自然对人类的报复将会超过人类对自然的破坏。"②在人类活动的干扰下，尤其是

① ［美］艾尔弗雷德 W. 克罗斯比：《哥伦布大交换：1492 年以后的生物影响和文化冲击》，郑明萱译，中信出版社 2018 年版，第 171 页。
② ［美］乔尔·科威尔：《自然的敌人：资本主义的终结还是世界的毁灭？》，杨燕飞、冯春涌译，中国人民大学出版社 2015 年版，第 14 页。

工业革命以来人类活动的急剧增加，使得资源枯竭、森林植被的大规模破坏、全球气候变暖、生态系统失衡、物种灭绝速度加快等状况出现集聚发生的特点。生态环境在人类文明演进中的权重日益上升，生态问题能否科学解决以及生态环境能否恢复重建关系到人类社会的延续发展，而正确处理人与自然关系的重要意义也更加凸显。

从同一、对立到走向融合，塞罕坝的演变轨迹是世界环境历史变迁的微观映射。新中国成立前，由于长期的掠夺性开发，塞罕坝从"千里松林"变成了林木稀疏、人迹罕至的茫茫荒原。强劲的西北风裹挟着沙尘呼啸而过，京津冀地区的人们深受其害。很多塞罕坝人对长期以来乱砍滥伐所造成的生态恶果已经有刻骨铭心的体验，对党和国家所做出的植树造林的伟大决策有强烈的政治认同、思想认同和情感认同，对正确处理人与自然的关系具备了比较充分的思想认知。当植树造林的任务基本完成时，百万亩林海所产生的积极效应一目了然，塞罕坝人更加明确了加强生态文明建设的意志和决心，将工作重心转变为提高森林质量，延续绿色使命。从高原荒漠到生态环境的恢复和重建，塞罕坝人用半个多世纪的实践历程印证了"生态兴则文明兴、生态衰则文明衰"的历史法则，展现了反思和探索人与自然关系的具体过程。正如刘海莹所说："塞罕坝的每一寸土地都是有良心的，你用科学的态度对待它，用艰苦奋斗的精神感悟它，它会用绿色回馈我们。"[1]整个塞罕坝林场的历史就是坚持绿色发展，弥补生态欠账，修复人与自然关系，实现生态逆转的伟大历史。

---

[1] 孙阁：《塞罕坝，牢记使命，书写绿色发展传奇》，新华网 http://www.xinhuanet.com/politics/2018-10/01/c_1123495517.htm。

### （二）宣示塞罕坝精神的实践方略

实践方略是指塞罕坝精神所蕴含的解决生态问题、改善生态环境的主要思路和方法，是其转化为现实的重要路径。人类在文明演进的过程中，积累了丰富的生态智慧和生态经验，为正确处理人与自然关系提供了深厚的思想资源。《史记·五帝本纪》记载：黄帝"时播百谷草木，淳化鸟兽虫蛾，旁罗日月星辰水波土石金玉，劳勤心力耳目，节用水火材物"。荀子曰："圣王之制也，草木荣华滋硕之时则斧斤不入山林，不夭其生，不绝其长也；鼋鼍、鱼、鳖、鳅鳝孕别之时，罔罟毒药不入泽，不夭其生，不绝其长也。"古圣先贤认为，天地万物本身一体，要关爱生命、呵护万物，坚持取之有时、用之有度的基本原则。古代中国还专门设立了掌管山林川泽的机构，制定了相应的政策法令。《周礼》中明确记载了虞衡的职责，"以九职任万民：一曰三农，生九谷；二曰园圃，毓草木；三曰虞衡，作山泽之材"。不过，随着社会生产力的不断发展，人类的活动范围不断扩大，因为过度开发而破坏生态环境的行为也是屡见不鲜。孟子曾经详细讲述了齐国牛山由于人为砍伐、牛羊啃食，从葱郁秀美变成秃山的故事。恩格斯在《自然辩证法》中论述了阿尔卑斯山的意大利人肆意砍伐枞树，导致洪水泛滥、山泉枯竭的整个过程。"最近6000年以来的历史记载表明：除了很少例外情况，文明人从未能在一个地区内持续文明进步长达30—60代人（即800—2000年）。"①总结历史经验，人们对生态环境的开发和利用存在侥幸心理，对资源环境的开

---

① ［美］弗·卡特、汤姆·戴尔：《表土与人类文明》，庄峻、鱼姗玲译，中国环境科学出版社1987年版，第4页。

发利用远远超过保护的力度。由于长期过度开发打破了生态系统的平衡，导致生态问题的累积，引发生态环境的恶化。1962年，美国生物学家蕾切尔·卡逊出版的《寂静的春天》一书，阐述了农药对环境的污染，敲响了生态问题的警钟。1972年，罗马俱乐部发表了著名的研究报告《增长的极限》，提出资源供给和环境容量无法满足外延式经济增长模式的观点。尽管世界环境运动蓬勃发展，但是环境保护的总体形势依然不容乐观，生态问题趋向复杂化、国际化。

在传统的发展模式中，人们将自然界假设为予取予求的对象，通过无节制地索取资源和消耗环境来获取生存发展的机会，因此历史上有很多关于乱砍滥伐破坏原始森林而谋生存谋发展的记录。相反，塞罕坝林场走的是不同的发展道路，将恢复和重建生态环境作为日常工作的主题，坚持人与自然和谐共生的基本原则，主张通过种树护树来谋取长远发展，走上高质量发展道路。参照古今中外的发展脉络，塞罕坝林场的建设经验和发展模式都是非常领先的。西方国家在几百年前就步入了工业化的发展轨道，同时也较早地出现了严重的生态环境问题，进而较早地激发了生态意识的觉醒。20世纪60年代，中国生态环境问题并不突出，但是风沙危害比较严重。塞罕坝人没有停留在理论层面的反思和探索，坚决拥护党和国家的号召，坚定从事绿化事业的信念，全心全意扑在植树造林事业上。无论环境怎样恶劣，条件如何艰苦，塞罕坝人始终初衷不改。植树造林是一项长期系统的工程，尤其是在高海拔高寒荒漠地带造林需要更坚强的意志和努力，运动式造林很难达到预期目的。塞罕坝林场最成功的实践经验在于坚持不懈地努力，大规模持续性地开展植树造林活动。从突破高原荒漠地区的恶劣条件将树种活，到抚育间伐把树种好管好护好，塞罕坝人用半个多世纪的艰苦努力推动了生态环境的良性逆转，为京津筑起一道坚实的生态屏障。

**（三）铺就塞罕坝精神的鲜亮底色**

塞罕坝林场的主要目标是通过植树造林推动生态环境的保护和修复，实现为首都阻沙源、为京津涵水源的使命，促进人与自然的和谐发展。森林组成结构复杂、生物多样性丰富、功能比较完整，是地球最重要的生态系统之一，能够产生巨大的经济效益、社会效益和生态效益。首先，森林是重要的自然资源库，可以为人类提供大量的木材和林产品，能够带来巨大的经济效益。其次，优质的森林生态系统可以带来重要的社会效益，有助于优化环境、提高健康水平，满足人类的精神需求，有利于提高审美、陶冶情操、愉悦心情，推动经济社会的健康发展。再次，森林被称为"地球之肺"，具有重要的生态效益，在生态系统中有着独特的地位和作用。森林可以涵养水源、保持水土，减轻风蚀和水蚀对表土的侵害；可以调节气候，使雨水均衡，改善空气质量，美化环境；可以为动植物提供栖息地，在保护生物多样性方面发挥重要作用。如果森林生态系统遭到破坏，则会产生负面连锁效应。"4000年前，大象出没于后来成为北京（在东北部）的地区，以及中国的其他大部分地区。今天，在人民共和国境内，野象仅存于西南部与缅甸接壤的几个孤立的保护区。"[①]导致大象在中国北方退隐的因素是复杂的，但是关键因素是森林植被的严重破坏，使得

---

① ［英］伊懋可：《大象的退却：一部中国环境史》，梅雪芹、毛利霞、王玉山译，江苏人民出版社2014年版，第10页。

大象的栖息地严重损毁。究其症结，人们往往更关注森林砍伐所带来的直接经济效益，而舍弃了森林能够产生的长远的生态效益和社会效益。随着生产能力的增强和生产规模的扩大，人类对森林环境的破坏易如反掌。据报道，"人类文明初期地球陆地的2／3被森林所覆盖，约为76亿公顷；19世纪中期减少到56亿公顷；20世纪末期锐减到34.4亿公顷，森林覆盖率下降到27%"①。森林锐减所造成的后果是极其严重的，不仅会造成水土流失、气候变暖、土地沙漠化等环境问题，而且还会引起山洪、泥石流等自然灾害。

　　塞罕坝林场开展植树造林的直接目的是重建森林生态系统，修复森林的功能结构，提高森林的综合效益。一棵树要长成参天大树一般需要几十年的时间，整个森林环境的重建则需要数倍的时间投入和数倍的艰苦努力。在创业阶段，塞罕坝林场的目标是排除万难把树种活，为社会主义经济建设提供木材，遏制土地荒漠化的进程，降低京津的风沙危害。20世纪80年代，大规模的植树造林初见成效，塞罕坝林场转入营林为主、造林为辅的新阶段。第二代塞罕坝人的目标是继续扩大植树造林范围，加强营林护林，努力完成防火防雨淞防病虫害等工作任务；同时依托绿色资源发展绿色经济，积极探索生态致富之路。此间，塞罕坝林场的木材产业逐步发展起来，成为华北地区最大的中、小径材产材基地，每年砍伐木材十几万立方米。此外，塞罕坝人大力发展林下经济，积极探索生态旅游。第三代塞罕坝人的目标是减少人工林弊端，进行中幼林的抚育间伐，推进人工林的近自然化改造，改善森林质量，提升生态服务功能。进入新时代，在习近平生态

① 林宣：《森林锐减导致六大生态危机》，《人民日报》2003年2月25日第7版。

文明思想的指引下，塞罕坝林场自觉减少了木材的砍伐量，将工作重点转向攻坚造林工程和森林抚育工程。从追求提高植树造林成活率、抵御风沙侵蚀、为国家经济建设提供木材产品，到强调改善树种结构、丰富自然生态景观、完善生物多样性，塞罕坝林场的目标定位越来越清晰、底色越来越鲜亮、政策决策越来越完善、发展前景越来越广阔。

## 二、绿色发展的精神实质

理解绿色发展精神，必须首先把握绿色发展的精神实质。2016年1月，习近平总书记明确指出："绿色发展，就其要义来讲，是要解决好人与自然和谐共生问题。"①坚持绿色发展是基于对人与自然关系的更充分认识、更全面理解，是发展观的一场深刻革命。中国大力推进绿色低碳高质量发展，积极探索经济发展与环境保护协同共生的新路径，旨在"让良好生态环境成为人民生活的增长点、成为经济社会持续健康发展的支撑点、成为展现我国良好形象的发力点，让中华大地天更蓝、山更绿、水更清、环境更优美"②。贯彻绿色发展理念，实施绿色发展方略，必须适应经济社会发展与生态环境保护的新要求，积极构建绿色循环低碳发展的新格局。

---

① 习近平：《在省部级主要领导干部学习贯彻党的十八届五中全会精神专题研讨班上的讲话》，人民出版社2016年版，第16页。
② 《习近平在中共中央政治局第四十一次集体学习时强调 推动形成绿色发展方式和生活方式 为人民群众创造良好生产生活环境》，《人民日报》2017年5月28日第1版。

### （一）以人与自然和谐共生为基本原则

从生物学角度讲，共生是指两种以上不同生物之间所形成的紧密互利关系。人首先是自然界的组成部分，是自然界长期发展的产物，因此人与自然界之间也必然存在共生性关系。在狩猎时代，人类只会制造简单粗糙的工具，捕获和采集的食物更多地依赖于大自然的直接馈赠。在农业时代，随着生产力水平的提高，人类开始依靠饲养和种植生活，食物的获取有了相对稳定的来源。但是农业的生产过程主要是生物再生产过程，对自然环境仍然有较强的依赖性。随着工业时代的到来，传统的生物产品已经不能满足人类的生产、生活需求，煤炭、石油和天然气成为人类社会运行的主要能量来源。可见，由于生产力的发展水平不同，人与自然的关系呈现不同的样态，但是"共生"的性质是无法改变的。人与自然的关系除了受气候、光照、降水、地形、土壤以及动植物的生长规律等因素影响外，还受经济基础、政治制度、技术形式、人口结构、风俗习惯、道德风尚等多重因素的制约。人是自然界的特殊组成部分，不仅参与自然界的生物进化过程，而且具有积极能动性，能够按照自己的需要适应自然界、改造自然界。自然界具有优先性和客观性，人类对自然的认识和改造必须以尊重自然界的属性和客观规律为前提和基础。生态中心主义和狭隘的人类中心主义孤立地看待人与自然的关系，或者抽象地强调自然界的内在价值，或者过度强调人的主体性，无法妥善处理人与自然的矛盾冲突。历史充分证明，人类不能凌驾于自然之上，只有站在人与自然和谐共生的高度谋划发展，把经济活动、人的行为限制在自然资源和生态环境能够承受的限度内，才能为世界创造更多机遇。

　　塞罕坝建设者坚决摒弃破坏自然的发展模式，坚持人与自然和谐共生的基本原则，用青春、热血乃至生命植树造林，修复了塞罕坝的生态系统，为正确处理人与自然关系树立了典范。其一，按照系统性的思维把握人与自然的关系。"山水林田湖是一个生命共同体，人的命脉在田，田的命脉在水，水的命脉在山，山的命脉在土，土的命脉在树。"①任意砍伐森林必然破坏山川植被，造成水土流失、土地沙化，引发生态系统的负面链式反应。同样，修复生态系统，也必须充分考量生态系统各构成要素的依存关系。塞罕坝机械林场地处内蒙古浑善达克沙地南缘，主要河流有6条，是滦河、辽河两大水系的重要水源地。塞罕坝建设者深刻认识到塞罕坝的特殊地理位置，明确了其作为京津生态屏障的功能定位，以开展大规模植树造林活动为主体工作线路，实现了塞罕坝生态环境的整体修复。其二，按照差异协同的方法把握人与自然的关系。"和实生物，同则不继。"地球生态系统是由生物和环境相互作用而形成的复杂网络，生物多样性越丰富意味着抵抗外界破坏和环境变迁的能力就越强，其保持自身相对稳定的适应和恢复能力就越强。多样性中孕育着可能性，同质化则意味着衰落和退化。森林生态系统之所以重要，在很大程度上是因为其作为基因库、物种库、资源库的功能优势。人工林因为树种单一，容易出现病虫害、土壤酸化等问题，对风灾、雨凇、雪灾等自然灾害的抵抗力较差。也就是说，植树造林并不是简单的事情，必须恢复生物多样性，重建生态系统的稳定性和完整性。在攻克了高寒地区种植树木的技术难题之后，塞罕坝林场越来越关注森林质量的持续提升。为了探索

---

① 《十八大以来重要文献选编》上，中央文献出版社2014年版，第507页。

在塞罕坝栽种樟子松的方法，李兴源从雪藏种子到解决育苗粪肥，倾力呵护每株幼苗，经过三年反复试验终于育种成功，创下了我国樟子松引种地区海拔纪录。[①] 技术骨干曹国刚到塞罕坝两年后，就把乡下的妻子、父亲和弟弟全部接上了坝，将半辈子心血花在把油松引种塞罕坝这件事上，目的是调整树种结构，减少病虫害。[②] 80后代表于士涛深入技术第一线，"和团队开展了大径极材培育、珍稀树种培育、优质树种引种和樟子松嫁接红松等项目研究，并利用塞罕坝气候、环境、资源优势，发展森林生态旅游和绿化苗木销售、承揽绿化工程等产业，传承并丰富了一套适合塞罕坝地区特点的森林经营模式"[③]。另外，塞罕坝建设者通过抚育间伐、割灌、人工修枝等措施，有效拓宽树木生长的营养空间、生长空间、病虫害防治空间；"通过'引阔入针''林下植树'等手段，在高层树下植入低龄云杉等，逐渐形成了以人工纯林为顶层，灌木、草、花、次生林的复层异龄混交结构"[④]。塞罕坝建设者坚持人与自然和谐共生的基本原则，不断优化工作思路和工作方法，使得森林结构越来越丰富，林产品更加优质多样，林木质量持续上升。

### （二）以促进经济社会与环境保护协调发展为重要战略

坚持绿色发展的核心是正确处理经济发展与环境保护的关系问题。经济发展与环境保护是辩证统一的，坚持经济发展和环境保护的

---

[①] 参见潘文静、段丽茜、李巍：《用生命书写绿色传奇——塞罕坝机械林场三代人55年艰苦奋斗造林纪实》，《河北日报》2017年6月26日第1版。

[②] 参见潘文静、段丽茜、李巍：《用生命书写绿色传奇——塞罕坝机械林场三代人55年艰苦奋斗造林纪实》，《河北日报》2017年6月26日第1版。

[③] 李巍：《于士涛：坚守绿色的80后》，《河北日报》2017年8月10日第5版。

[④] 袁伟华、李建成、陈宝云：《绿地重生》，《河北日报》2019年8月15日第11版。

中心目标都是满足人民群众的多层次需要。一方面，适宜的经济发展不仅可以满足人类吃穿住用行等基本需求，为人类生产发展提供物质储备，而且可以为环境保护的开展提供相应的物质基础和技术支持。另一方面，良好的生态环境可以保障经济活动的顺利进行，为生产和生活提供稳定的物质资料来源，为经济社会持续发展提供生态基础。以掠夺的方式开发生态环境，忽视生态环境保护，则势必会遭到自然界的报复。从短期看来，通过过度开发利用资源确实可以为一部分人带来直接的经济利益，但这种行为必然以损害或者牺牲其他地区和群体的利益为代价，而且会损害经济社会长远发展的根基。在人类历史上以牺牲环境为代价换取经济发展，最后导致经济衰败的案例时常发生。"与塞罕坝毗邻的御道口牧场，与塞罕坝同期建成，六十年代初，牧场条件比林场好，再加上牧业收益回报快，牧场职工有肉吃、有奶喝，日子红火了一阵子。"不过，后来"由于过度放牧，土地沙化严重，经济每况愈下"。[1]同样，因为经济发展不足所产生的环境问题也比较突出。关于经济"零增长"的理论不符合人类社会的发展规律，而且贫困落后的经济状况也容易衍生掠夺自然的思想和行为，从而形成恶性循环。"生态环境保护的成败归根到底取决于经济结构和经济发展方式。发展经济不能对资源和生态环境竭泽而渔，生态环境保护也不是舍弃经济发展而缘木求鱼，要坚持在发展中保护、在保护中发展，实现经济社会发展与人口、资源、环境相协调，使绿水青山产生巨大生态效益、经济效益、社会效益。"[2]新中国成立以前，

---

① 邱玉梅：《塞罕坝备忘录》，《河北林业》2002 年 3 期。
② 习近平：《在深入推动长江经济带发展座谈会上的讲话》，《求是》2019 年第 17 期。

塞罕坝的生态环境破坏之所以作为严重的历史问题呈现，封建王朝的专制统治、帝国主义的资源掠夺是脱不了干系的。很长一段时间以来，很多人惯于将经济发展与环境保护对立起来，将自然界视为资源化的存在，片面追求经济增长，过度追求生产的规模和速度，容忍对自然界的过度开发和掠夺，最终导致资源的枯竭、环境的破坏和生态的退化。新中国成立后，塞罕坝建设者颠覆了传统的发展模式，坚持正确把握经济发展与环境保护的关系，践行可持续性的发展模式，创造了令世界惊叹的绿色奇迹。

从总体来看，塞罕坝林场在处理经济发展与环境保护的关系时始终坚持生态优先的主线，一切以植树造林、修复和保护生态环境为基础。独特的地理位置、特殊的自然环境，使得塞罕坝的生态状况对京津冀地区的生产生活和生态环境产生重要影响。在党和国家的正确领导下，结合形势任务的发展变化，塞罕坝林场坚持统筹协调经济发展和生态环境保护建设之间的关系，在发展中保护、在保护中发展，使塞罕坝林场不断焕发生机和活力。第一个阶段是创业阶段，主要任务是开展大规模植树造林。由于森林植被严重破坏，土地沙化面积不断扩大，对人类生产生活构成严重威胁，引起党和国家的高度关注。塞罕坝林场坚持"先治坡、后治窝，先生产、后生活"的建设原则，贯彻环境保护绝对优于经济发展的方针，全力推进植树造林，着力改变自然风貌、弥补历史欠账。确切地说，第一代塞罕坝人以牺牲个人的物质生活、精神生活为代价，换来集体造林工程的跨越式进步。第二个阶段是营林为主、造林为辅阶段。经过20多年的造林培育，塞罕坝的高岭变绿，树木成荫。塞罕坝林场贯彻"分类经营、政策扶持、创新机制、促进发展"的原则，坚持生态优先、适度发展林业经济的方针，大力推进产业结构的优化。另外，虽然树木已成规模，但是防火防治病虫害等问题日益突出。塞罕坝林场积极探索森林病虫害防治、森林防火的有效举措，不断加强森林管护工作，全力维护森林安全。第三个阶段是坚持绿色发展，筑牢生态屏障。党的十八大以来，塞罕坝林场践行绿水青山就是金山银山的理念，按照"山上治坡、山下治窝，山上生产、山下生活"的思路，大力推进林业建设的高质量发展。一方面，塞罕坝林场深刻理解和落实生态文明理念，不断强化资源管护、科技创新、优化结构，不断完善管理模式和管护制度，不断提升林业现代化建设水平，着力把塞罕坝建设成为人与自然和谐共生的生态文明示范基地。另一方面，塞罕坝林场更加重视基础设施建设，注重职工生活质量的改善。习近平总书记强调："绿水青山既是自然财富、生态财富，又是社会财富、经济财富。"[1] 绿水青山和金山银山可以相互转化，良好的自然生态禀赋是高质量发展的基础和保障。随着林区道路、通信、电力、网络等基础设施建设步伐的加大，不仅使林场职工的生活条件得以改善，推动了生态旅游、苗木产业、林下经济的快速发展，而且为森林资源的提质增效创造了条件。塞罕坝林场坚持经济发展和环境保护统筹兼顾，深入实施可持续发展战略，推动经济社会发展全面绿色转型，坚定走生产发展、生活富裕、生态良好的文明发展道路。

---

[1] 《十九大以来重要文献选编》上，中央文献出版社 2019 年版，第 506 页。

### （三）以筑牢京津生态屏障为主要目标

坚持绿色发展，正确处理人与自然的关系，是确保实现可持续发展的重要基础。习近平总书记在庆祝中国共产党成立100周年大会上指出："我们坚持和发展中国特色社会主义，推动物质文明、政治文明、精神文明、社会文明、生态文明协调发展，创造了中国式现代化新道路，创造了人类文明新形态。"[①]贯彻绿色发展理念，建设生态文明是中国式现代化新道路的重要内容，体现了人类文明新形态的显著优势。人类社会是一个有机体，经济、政治、文化、社会、生态等各个领域是相互影响、相互制约的，任何一个方面的缺失或者不足都会制约整个社会的发展进步。一些地区实行高污染、高排放、高消耗的粗放型经济增长模式，过度依靠能源资源等要素的大规模投入来支撑经济发展，积累了很多环境欠账，给资源环境造成巨大压力。碳达峰、碳中和之所以备受瞩目，反过来也说明全球气候变暖的危害已经逐步明了。生态系统具有自我调节、自我更新的能力，然而生态环境的承载力和环境容量都是有限的，一旦突破生态系统的安全阈值就会产生非常严重的破坏性影响，甚至造成不可逆的后果。新中国成立之前，塞罕坝的荒凉景象、北京的风沙困扰都是生态环境遭到破坏的客观结果。生态问题不只是人与自然的关系问题，还与经济问题、政治问题、文化问题和社会问题相互交织。如果生态问题处理不好，则会造成土地沙化、雾霾频发、水质下降、垃圾围城等复杂问题，进而影响人民的生命健康，威胁社会的安全稳定，破坏经济的顺畅运行，

---

[①] 习近平：《在庆祝中国共产党成立100周年大会上的讲话》，人民出版社2021年版，第13—14页。

干扰精神文化生活。党的二十大报告指出，尊重自然、顺应自然、保护自然是全面建设社会主义现代化国家的内在要求。贯彻绿色发展理念，必须优化国土空间格局，坚持节约优先、保护优先、自然恢复为主的方针，严守生态保护红线、环境质量底线、资源利用上线，筑牢国家生态安全屏障，守住自然生态的安全边界，为生态系统提供充分的自我修复空间，为经济社会的高质量发展构筑绿色根基。

新中国成立之后，党中央坚持一切为了群众、一切依靠群众的根本工作路线，将植树造林、绿化祖国、兴修水利置于非常重要的战略位置，在全国掀起了轰轰烈烈的植树造林运动，并形成了植树造林的优良传统。国家除了接管旧中国各级政府、教育界、资本家办的林场之外[①]，又兴办了一批新的国营林场，逐步开展大规模、集中化、专业化、持续性的植树造林工程。1962年2月，国家计委批准建立林业部直属塞罕坝机械林场的方案时，确定了塞罕坝林场的发展目标是"改变当地自然面貌，保持水土，为改变京津地带风沙危害创造条件"[②]。无论是从塞罕坝的客观物质条件、气候条件、植被状况着眼，还是从新中国成立时的物质基础、技术条件来说，这都是一项"几乎不可能完成"的任务。当发展目标和客观条件悬殊之时，只有更充分地发挥主观能动性，推进工作方法和工具手段的不断改进，才能超越客观物质条件的局限，实现跨越式发展。塞罕坝人作为社会主义的建设者，保持着对社会主义事业的忠诚和热爱，自觉地将思想统一到植树造林的目标任务上来，将行动聚焦到创新实践上来。他们敢为天下先，自

---

① 参见中国农业年鉴编辑委员会编：《中国农业年鉴1991》，农业出版社1992年版，第9页。
② 武卫政、刘毅、史自强：《塞罕坝：生态文明建设范例》，《人民日报》2017年8月4日第1版。

党扛起阻沙源、涵水源的重要责任，主动激发内在潜能，经过翔实调研、深入论证、反复实践，最终攻克了高寒地区引种、育苗、造林等技术难题。经过长期积累总结与开拓创新，树木种植的成活率从8%以下上升到90%以上，森林覆盖率从18%提高到82%，森林面积由24万亩增加到115万亩。①塞罕坝不仅成为守卫京津的重要生态屏障，而且成为中国生态文明建设的鲜亮旗帜。

党的十八大以来，中国共产党人将生态文明建设置于更加突出的战略位置，多措并举、重拳出击为绿色发展保驾护航，推动生态环境质量持续好转。2016年8月，习近平总书记在青海考察时强调，要尊重自然、顺应自然、保护自然，筑牢国家生态安全屏障。2019年3月，习近平总书记在参加十三届全国人大二次会议内蒙古代表团审议时指出，要保持和加强生态文明建设的战略定力，将内蒙古建成我国北方重要的生态安全屏障。由于青海、内蒙古的生态地位重要而特殊，因此习近平总书记在这些地区一再重申筑牢生态安全屏障的总体要求。同样，基于特殊地理位置、自然环境、海拔高度等因素考量，塞罕坝被列为京津冀西北部生态涵养功能区，承担着守护京津生态安全的重要职责。2021年8月，习近平总书记在考察塞罕坝机械林场时指出："希望你们珍视荣誉、继续奋斗，在深化国有林场改革、推动绿色发展、增强碳汇能力等方面大胆探索，切实筑牢京津生态屏障。"②坚持绿色发展、筑牢生态安全屏障不是一劳永逸的事情，需

---

① 参见李如意：《塞罕坝林场成群众致富"绿色银行"》，《北京日报》2021年7月11日第4版。
② 《习近平在河北承德考察时强调 贯彻新发展理念弘扬塞罕坝精神 努力完成全年经济社会发展主要目标任务》，《人民日报》2021年8月26日第1版。

要世世代代的接续努力，共同奋斗。塞罕坝林场通过完善森林资源管理制度，转变经营机制，加强生态文化体系建设，健全目标责任体系等，不断提高生态环境治理的能力和水平。塞罕坝建设者牢记习近平总书记的嘱托，深刻理解和落实生态文明理念，奋力开二次创业新征程。森林对国家生态安全具有基础性、战略性作用，是水库、钱库、粮库，也是"碳库"。塞罕坝林场聚焦"双碳"战略目标，在深化国有林场改革、推动绿色发展、增强碳汇能力等方面大胆探索，已成功在国家发展和改革委员会备案474.9万吨，保守估计经济收益可超亿元，并完成碳汇交易16万吨，实现收益309万元。[1]接下来，塞罕坝将进一步增强林草碳汇储备能力，进一步推动林草碳汇交易，拓展碳汇消纳渠道，发挥生态优势推动高质量发展。尽管人工造林成绩斐然，但也存在种植结构单一、生态重构速度慢，病虫害发生频率高、林木长势差、林地土壤环境恶化等问题。为全面提升生态系统多样性、稳定性、持续性，不断完善林木数量、质量和物种多样性，赛罕坝积极打造近自然模式。2022年，塞罕坝造林方向转为林冠下造林，并引进阔叶林，采用针叶、阔叶等混交的方式，培育混交林2万亩。2023年8月前已再营造近自然混交林2.39万亩，并深入实施了森林质量精准提升和抚育盲区清零行动，完成森林抚育7万亩、造林1.39万亩。据塞罕坝机械林场现任党委书记安长明介绍，赛罕坝2023年还要高质量完成中幼林抚育8万亩、工程造林0.4万亩、退化林修复1万亩。[2]同时，

[1]　参见刘倩玮：《二次创业　塞罕坝主攻森林提质可持续发展》，《中国绿色时报》2022年9月1日第3版。

[2]　参见《塞罕坝机械林场：守护绿色 续写传奇》，河北广播电视台冀时客户端 https://www.hebtv.com/0/0rmhlm/qy/zhb/sxxw/11208759.shtml。

赛罕坝林场坚持统筹推进高质量发展和高水平保护，加大力度控制生态旅游规模。据塞罕坝机械林场党委委员、副场长李永东介绍，塞罕坝林场正在适当压缩景点开放面积，共划定1.89万亩（约占林场总面积的1.35%）用于集中学习考察和生态观光，其余面积全年封闭管理，禁止游客进入，确保生态资源安全。①塞罕坝机械林场实施国有林场改革，强化公益属性，塞罕坝国家级自然保护区面积由30.4万亩调整到97.9万亩。② 塞罕坝人以绿色发展理念为引领，驰而不息、接力相传，牢牢掌握育林、造林、护林的主动权，攻克了一个又一个难以逾越的山脊隘口，完成了一个又一个重要任务，为守护生态安全屏障而不懈奋斗。

## 三、绿色发展是塞罕坝实现可持续发展的必然选择

塞罕坝人坚持生态优先、绿色发展，认真落实绿水青山就是金山银山的发展理念，统筹协调人口资源环境和经济社会的关系，使塞罕坝重新焕发了生机。

### （一）推动生态环境保护和修复的必由之路

地球经过数十亿年的演进，形成了相对平衡、稳定、复杂的运行结构。生物之间以及生物与环境之间相互影响、相互协调、相互适应，推动地球生态系统的发展与演化。同样，生态系统各构成要素的存在和发展都依赖于生态系统功能的正常发挥。只有维护物种的丰富

---

① 参见《一方林：塞罕坝上续写绿色奇迹》，新华社 https://baijiahao.baidu.com/s?id=177427913
6043888145&wfr=spider&for=pc。
② 参见《弘扬塞罕坝精神 推进生态文明建设》，《人民日报》2021 年 11 月 16 日第 6 版。

性、结构的完整性，才能确保生态系统的功能完善，保障生态系统的
和谐稳定。每个环节、每个链条的断裂都可能对整个生态系统产生或
多或少的影响，干扰生态系统的顺畅运行。森林生态系统是以森林为
中心的生态系统，是森林与周围环境相互作用构成的一个复杂的自然
综合体。"森林破坏将对土壤造成严重影响，如有效磷和硝酸盐等关
键土壤养分会显著减少。一个令人震惊的发现是，火灾造成的这些影
响至少会持续80年，而采伐造成的影响则至少会持续30年。"①受过
度开垦放牧和连年山火的干扰，塞罕坝的森林植被遭到严重损毁，并
引发土地沙漠化、生物多样性锐减等生态问题。要弥补生态环境的历
史欠账，推动生态环境的保护和修复，必须扭转人类活动的负面影
响，使生态系统的结构功能恢复到或接近于受干扰前的状态。

塞罕坝人保持和加强生态文明建设的战略定力，系统推动塞罕坝
地区生态环境的保护和修复。生态环境保护和修复的目标不是简单的
植树造林、山地复绿，而是要提高生物多样性，恢复生态系统的整体
功能，为经济社会发展提供更充分、更完善的生态服务。一般而言，
生态系统的恢复需要较大时间跨度，需要持续性的坚持和努力。植树
造林是加强森林生态系统培育的主要途径，是推动生态环境保护和修
复的重要举措，但是提升生态系统的整体功能远不止于此。"生态环
境没有替代品，用之不觉，失之难存。在生态环境保护建设上，一定
要树立大局观、长远观、整体观，坚持保护优先，坚持节约资源和保
护环境的基本国策，像保护眼睛一样保护生态环境，像对待生命一样

---

① 丁洪美：《森林土壤需几十年才能从火灾和皆伐中恢复》，《中国绿色时报》2019年2月
13日第3版。

对待生态环境。"①塞罕坝林场发扬艰苦奋斗、自力更生的精神，坚持一张蓝图绘到底，最终使荒漠变成绿水青山，在生态修复和保护方面取得了积极成效，积累了宝贵的历史经验。其一，塞罕坝人树立绿色发展理念，坚持从整体性的视野把握生态环境保护修复与区域经济持续发展之间的关系，为京津地区构筑起生态屏障。塞罕坝建设者始终站在党和国家事业发展全局的高度思考问题，切实把思想和行动统一到党中央的决策和部署上来。20世纪60年代初，刘琨在塞罕坝调研时曾经说过，康熙"皇帝不懂科学，破坏森林，自作自受。如果我们植树造林成功，改变了气候，我们林业战士就是'塞北佛'"②。尽管在这个时期我国尚未提出明确的生态环境保护和修复的概念，但是关于植树造林、绿化塞罕坝、解决风沙问题的目标已经非常明确。植树造林、绿化祖国是社会主义建设事业的重要组成部分，是造福人类的伟大事业。塞罕坝人坚持以植树造林、绿色发展为中心，发扬"先公后私"，甚至"公而忘私"的奉献精神，舍小家顾大家，忠诚履职为国家，推动塞罕坝绿色事业蓬勃发展。塞罕坝林场是在一穷二白的基础上起步的，主要的工作思路是充分激发人民群众的积极性和创造性，集中有限的财力和物力进行植树造林。随着造林任务的初步完成，却出现人工林的大面积郁闭，因此塞罕坝林场的工作重点又开始向营林转变。塞罕坝人克服资金不足、抚育间伐作业难度大等问题，积极探索科学有效的方法，有计划地推动人工林的近自然化改造。

---

① 中共中央文献研究室编：《习近平关于全面建成小康社会论述摘编》，中央文献出版社2016年版，第183页。

② 朱悦俊、段宗宝：《美丽塞罕坝》，天地出版社2019年版，第43页。

2015年2月，中共中央、国务院印发《国有林场改革方案》，明确提出国有林场是我国生态环境修复和建设的重要力量，是维护国家生态安全的最重要基础设施。塞罕坝林场坚持以习近平生态文明思想为指导，竭力推动森林生态系统功能的全面提升。其二，树立绿色发展理念，必须着眼长远谋划发展。塞罕坝人不畏艰难、勇于探索、久久为功，一代接一代接力造林、护林、营林，使塞罕坝的生态功能得以恢复。塞罕坝林场从无到有，塞罕坝的森林覆盖率从18%到82%，经历了一系列艰难曲折。面对挫折失败，他们始终牢记党和国家嘱托，顶住各方面的压力，坚持植树造林，不仅守住了20多万亩次生林，而且建成了百万亩的林海。河北农业大学林学院院长黄选瑞指出："塞罕坝机械林场探索出一条人工修复生态环境的路子，使得自然状态下至少需要上百年时间才能得以修复的荒山沙地，只用50多年就重现了森林等自然生态，这是塞罕坝对中国生态文明建设作出的重要贡献。"[1]经过接续奋斗，塞罕坝的生物多样性获得稳定提升，生态环境得到根本改善，被赞誉为河的源头、云的故乡、花的世界、林的海洋、摄影家的天堂。

**（二）推动经济社会高质量发展的必由之路**

2021年1月，习近平总书记在省部级主要领导干部学习贯彻党的十九届五中全会精神专题研讨班开班式上指出，经过几十年的积累，我国进入社会主义初级阶段的一个新阶段，开启全面建设社会主义现代化国家新征程。这里提到的新发展阶段，以注重高质量发展为主题，更加强调共同富裕、更加强调人与自然和谐共生。推动高质量发

---

[1]　庞超、赵书华、李建成：《绿水青山就是金山银山——塞罕坝机械林场生态文明建设启示录》，《河北日报》2017年8月3日第5版。

展是我国经济发展进入新阶段的客观要求，不仅要求经济增长方式的转变和体制机制的全面提升，而且涵盖经济、政治、文化、社会、生态等多领域共同发展的要求，强调全面贯彻新发展理念，以更好地满足人民群众日益增长的美好生活需要，以高水平科技自立自强引领新发展格局构建。要完成高质量发展，必须由过去的数量追赶转向质量追赶，从规模扩张转向结构升级，诉求经济效益、社会效益、生态效益等综合效果的顺利实现。坚定不移地统一思想和行动，全面落实党中央、国务院的各项决策部署，把绿水青山就是金山银山的理念落到实处，是塞罕坝林场实现高质量发展，形成协同竞争优势的必由之路。从艰苦创业植树造林到追求绿色发展，塞罕坝林场遵循自然界的发展规律，主动谋划林场发展的新思路，积极转变林业发展方式，不断健全指标评价体系，着力完善森林管护制度，切实推动森林质量的稳步提升，促进居民生活品质的整体改善。

塞罕坝林场坚持生态立场，走出一条以绿色发展为导向的高质量发展之路。长期以来，塞罕坝林场的生产和生活条件都极其艰苦，基础设施建设一直比较滞后。在成立最初的20年，塞罕坝林场的主要工作任务是排除万难植树造林。20世纪80年代初，大规模的人工造林工程已经初见成效，塞罕坝林场进入森林经营期。像很多林场一样，塞罕坝林场最初的经济来源主要是木材砍伐。1981年，硬质纤维板厂顺利投产。"1996年，林场大部分林分进入经济成熟期或主伐期，开始皆伐作业。到2000年，木材收入已占塞罕坝总收入的90%以上。"①

---

① 庞超、赵书华、李建成：《绿水青山就是金山银山——塞罕坝机械林场生态文明建设启示录》，《河北日报》2017年8月3日第5版。

历史证明，纯粹的资源消耗式的发展模式虽然能够带来较高的经济效益，但是这种方式是不可持续的。塞罕坝人主动减少木材砍伐，目前木材产业收入已经降低至一半以下。而且，砍伐的方式也更加科学，从传统的"隔行去行、隔株去株"的抚育间伐模式转变为"去小留大，去弯留直"的间伐模式，贯彻"去次留好、伐劣保优"的采伐方针。①木材砍伐的主要目的是培育森林，丰富树种结构，扩大保留木的生长空间，提高森林的发展质量。按照近自然化的思想对人工纯林进行改造，旨在改造成复层异龄多品种结构，以提高森林的稳定性、多样性。塞罕坝林场在资源消耗上做减法，既算经济账，更算生态账，为森林生态系统的永续发展创造条件。此外，要确保植树造林的成效，还要避免人畜的各种破坏活动，如放牧、打柴、割草等。多年来，在塞罕坝林场和周边乡镇之间的边界地带，林、农、牧的矛盾时常发生。如何协调林场造林任务和周边群众的经济生活，保证幼林不受打柴、放牧活动的侵扰，是非常头疼的事情。塞罕坝林场一方面主动与周边社队处理好关系，妥善解决各种矛盾；另一方面加强思想宣传、护林巡视，提高人民群众的思想认识，保证森林能够正常繁育。随着森林面积的不断扩大，林下经济模式蓬勃发展，带动了新兴产业链的繁荣，给周围群众带来更丰厚的收入。周围的群众不再往山上赶牛羊，植树造林、爱护自然成为更多人的追求。前人栽树，后人乘凉，一代又一代塞罕坝人坚持生态优先，推进生态环境质量的持续提升，最终形成高质量发展的整体态势。塞罕坝建设者坚持走绿色发展之路，不仅为林场带来巨大的综合效益，而且带动周边区域生产、生

① 参见赵云国：《塞罕坝创业英雄谱》，河北人民出版社2019年版，第84页。

活方式的绿色化转变。

塞罕坝林场坚持多种经营，积极探索森林资源可持续经营管理新模式。塞罕坝地处内蒙古高原东南缘与大兴安岭和冀北山地的交汇处，系典型的高原—丘陵—曼甸移行地段和森林—草原交错带，具有独特的地形地貌、地文资源、气候资源、水文资源。[1] 经过半个多世纪持之以恒的推进，塞罕坝的生态环境得以恢复重建，林木郁郁葱葱、河流湖泊星罗棋布、动植物资源非常丰富，具有极高的科学价值和景观价值。依托丰富的生态资源，塞罕坝林场适度发展生态旅游，"每年吸引游客50多万人次，在为人们提供康养休闲胜地的同时，年收入4000多万元。通过林下造林和迹地更新等方式，培育绿化苗木基地8万余亩，年收入千万元，林场还启动了营造林碳汇项目让林地生金"[2]。近年来，塞罕坝林场不仅实施了职工安居工程、标准化营林区改造工程，而且加强了林区道路、通电通信以及防灾减灾基础设施建设，促进了基础设施的全面改造提升。"一番转变之后，塞罕坝人最终受益。目前，林场职工人均年工资收入9万多元，还有4万多元的绩效奖金。"[3]另外，承克高速公路项目建设正在加快推进，将直接构成"承德—围场—御道口—乌兰布统—克什克腾—赤峰—承德"高速环线，届时塞罕坝的绿色事业将迎来新的发展契机。从种树、间伐、苗木培育、景观修复、森林旅游、碳汇交易到抚育森林，塞罕坝林场建立了

[1] 参见张希和：《塞罕坝国家森林公园旅游景区发展模式的探讨》，《河北林果研究》2012年第1期。

[2] 孙阁：《塞罕坝，牢记使命，书写绿色发展传奇》，新华网 http://www.xinhuanet.com/politics/2018-10/01/c_1123495517.htm。

[3] 陈二厚、张洪河等：《从一棵树到一片"海"——塞罕坝生态文明建设范例启示录》，新华网 http://www.xinhuanet.com//politics/2017-08/03/c_1121428270_3.htm。

真正的绿色循环发展模式，形成了可持续性的产业体系。从荒山造林、科学管护到多种经营，塞罕坝林场积极探索绿色产业发展，注重保障和改善民生，辐射带动周边群众脱贫致富，实现了经济发展与环境保护的协同进步。

### （三）推动生态环境治理体系和治理能力现代化的必由之路

改革开放40多年来，我国经济社会发展取得了举世瞩目的成就，人民群众对优质生态环境和优质生态产品的呼声越来越高。然而，资源约束趋紧、环境污染加剧、生态系统退化等问题集中呈现，使得经济社会的持续发展遇到瓶颈。一些地方和部门没有处理好经济发展与生态环境保护的关系，对生态环境保护工作重视程度不够。当经济利益和生态利益发生矛盾冲突时，习惯地按照经济利益优先于生态利益的思路解决问题，导致生态问题累积效应日益显现，使生态环境的承载力和自我更新能力面临严峻挑战。面对突出的、尖锐的环境问题，并未从根本上调整经济发展模式和行政执法思路。良好生态环境是最公平的公共产品，是最普惠的民生福祉。推进生态环境治理体系和治理能力现代化，必须科学解决个人利益和公共利益、眼前利益和长远利益的矛盾冲突，深度整合主体力量，全面激发全体社会成员进行生态治理的意愿和行动。我们这里提出推进生态环境治理现代化，强调充分发挥科技创新的引领和带动作用，摒弃被动的、粗放式的末端执法，实行主动的、精细化的源头防控，不断增强生态环境保护工作的制度化、科学化、规范化和程序化。要破解生态环境问题，必须将生态文明建设的理念融入现代化建设的各个领域和各个过程，推进发展模式由先污染后治理向资源节约型、环境友好型转变，实现经济发展与环境保护的双赢。塞罕坝林场的成功治理经验在于能够正确处理眼前利益和长远利益、自身利益和周边利益的关系，不仅能够凝聚全体职工的物质力量，而且能够带动周边群众共同努力，进而形成绿色发展的整体合力。无论是在独立自主、艰苦创业阶段，在改革开放、快速发展阶段，还是在生态文明建设的新时代，塞罕坝人的工作重心都是植树造林、绿色发展，并将之转化为自觉自愿的行动。

塞罕坝林场不断明确目标定位，深化内部改革，探索科学经营，切实提高了生态治理的能力和水平，终使荒山荒漠变成百万林海。1962—1983年是塞罕坝林场的艰苦造林阶段，也是塞罕坝林场体制机制的创建阶段。1962年，塞罕坝机械林场成立，直属林业部，实行纵向垂直管理体制。党和国家高瞻远瞩，不仅明确了林场服务经济社会的功能，而且突出了其治理风沙危害的重要任务。在经济困难、物质匮乏的情况下，除了有限的国家投资之外，更多地依靠共产党员尤其是领导干部的先锋示范作用，依靠对社会主义建设的信心和热情来开拓林业事业。基于生态环境破坏的现实体验，人们怀着朴素而执着的信念，将满腔热情转化为科技攻关的动力，努力克服了一个又一个技术难题，出色地完成了造林任务。然而，在计划经济体制下，自主权、经营权有限，存在经营方式单一、经济效益低、管理方式僵化等问题。"1984年，全国林业会议召开，塞罕坝林场认真贯彻落实中央八四年一号文件，推行各种形式经营承包责任制。"① 塞罕坝林场在坚持全民所有制的基础上，推行所有权和经营权分离，探索扩大林场

---

① 高海南：《塞罕坝林场研究（1962—2017）——兼及生态环境视角》，硕士学位论文，河北师范大学 2018 年，第 34 页。

经营自主权。同时，林场逐步完善目标管理责任制，在求精、求细、求实上下功夫，实施施工员与技术员造林成果终身追究制，实行事前指导、过程控制和事后检查验收的全过程管理，将高质量标准贯穿于林业作业的各个环节。[①]塞罕坝林场走上多种经营之路，成为集生态公益林建设、商品林经营、森林旅游、绿化工程承揽、绿化苗木销售、餐饮住宿等多行业为一体的综合性国有人工林场。

进入新时代以来，随着生态文明理念的成熟完善，塞罕坝林场的发展理念也不断升级。2017年，塞罕坝林场建设者被联合国授予"地球卫士奖"。人民日报、中国青年报、中央人民广播电台、中央电视台等主要新闻媒体以及全国各地新闻媒体，从各个角度报道塞罕坝林场的先进事例。塞罕坝林场当之无愧成为全国生态文明建设的教育基地，起到了很好的示范性作用。林场于2021年全面实施"林长制"，探索"三级林长、四级管理、一长三员"林长管理新模式，现有林场级林长8名，分场级林长31名，营林区级林长30名，实现了逐级管理、各司其职的资源保护新模式，构建了责任明确、协调有序、监管严格、保障有力的新机制。回顾发展历程，塞罕坝林场始终坚持生态优先、绿色发展的战略引领，坚持一张蓝图干到底，确保方针政策的稳定性、连续性；以深入贯彻党和国家的林业政策为前提，按照公共产品的属性对林业进行建设、监管和维护；以创新为根本驱动，不断深化改革，转变发展方式，以激发塞罕坝建设者的主体性和自觉性；以坚韧不拔的意志应对风险挑战，在解决矛盾冲突中不断完善自己，在发展理念、科学技术、管理机制等方面实现全面升级。

---

① 参见李建成、陈宝云：《追逐绿色梦想不停歇》，《河北日报》2020年8月15日第2版。

## 四、坚持绿色发展，努力形成人与自然和谐发展新格局

习近平总书记指出："必须把生态文明建设放在突出位置来抓，尊重自然、顺应自然、保护自然，筑牢国家生态安全屏障，实现经济效益、社会效益、生态效益相统一。"[①]塞罕坝林场作为转变林业发展模式、建设生态涵养功能区的排头兵，其主要的功能和价值在于提供生态服务。弘扬塞罕坝精神，就要大力贯彻绿色发展的精神，践行绿水青山就是金山银山的发展理念，坚持节约资源和保护环境的基本国策，以形成人与自然和谐共生的现代化建设新格局。

### （一）树立生态兴则文明兴、生态衰则文明衰的历史观

回顾历史，人与自然关系的发展大致经历了依附、顺从、掠夺等几个时期，并向和谐阶段演进。在狩猎、农耕社会，生产力水平低下，自然界处于支配性地位，认识和改造自然的活动只能在狭隘的范围内进行。进入工业社会以后，控制自然、掠夺自然的价值理念不断扩散，生态环境不断恶化。人与自然的关系是互动式的结构，人以什么样的方式开发利用自然，自然就会以什么样的方式回馈人类社会。塞罕坝的兴衰历史是人与自然关系演进历史的生动缩影。一首《塞罕坝赋》道尽历史沧桑，"自古极尽繁茂，近世几番祸殃。水断流而干涸，地无绿而荒凉。哀花残叶败，惊风卷沙狂，感冬寒秋肃，叹人稀鸟亡。悲夫！"[②]新中国成立以前，塞罕坝的林木更多是作为一种资

---

① 《习近平在青海考察时强调 尊重自然顺应自然保护自然 坚决筑牢国家生态安全屏障》，《人民日报》2016 年 8 月 25 日第 1 版。
② 庞超、赵书华、李建成：《绿水青山就是金山银山——塞罕坝机械林场生态文明建设启示录》，《河北日报》2017 年 8 月 3 日第 1 版。

源性的存在，或者为统治阶级所垄断，成为满足统治阶级奢侈腐化生活的产品；或者为帝国主义所掠夺，成为资本扩张的工具；或者为被压迫劳动群众所砍伐，成为换取生存资料的物品。各种掠夺式开发轮番上阵，使得塞罕坝的栖息地退化为高原荒丘。传统价值理念和发展模式的弊病日益突出，人与自然之间的矛盾日益尖锐，引发了人类的自我反思。新中国成立之后，塞罕坝建设者转变发展思维，通过植树造林来绿化荒漠，偿还生态历史欠账，走出了一条人与自然和谐发展的现代化道路。

塞罕坝人的伟大实践印证了"生态兴则文明兴、生态衰则文明衰"的法则，弘扬塞罕坝精神必须保持和加强生态文明建设的战略定力，具体要注意以下几个方面的问题。第一，要坚持高位推动生态文明建设。党的十八大以来，中国共产党人将生态文明建设摆在更加突出的位置，充分发挥中国特色社会主义制度的政治优势，坚决打好污染防治攻坚战，逐步推行以国家公园为主体的自然保护地体系，优化国土空间格局，完善生态文明制度体系，推动生态环境建设发生了历史性、转折性、全局性变化。截至2022年年底，中国森林面积2.31亿公顷，森林覆盖率达24.02%；草地面积2.65亿公顷，草原综合植被盖度达50.32%[1]；中国荒漠化和沙化土地面积已经连续4个监测期保持"双缩减"，首次实现所有调查省份荒漠化和沙化土地"双逆转"[2]；中国万元国内生产总值能耗比2012年累计降低26.5%，万元国

① 参见《2022年中国国土绿化状况公报》，国家林业和草原局政府网 http://www.forestry.gov.cn/c/www/zyxx/369233.jhtml。
② 参见寇江泽、李晓晴：《中国荒漠化沙化土地面积持续减少》，《人民日报海外版》2023年1月10日第11版。

内生产总值用水量由2012年的129立方米下降至2022年的53立方米①，对全球生态环境产生积极影响。按照党中央决策部署，把建设美丽中国摆在强国建设、民族复兴的突出位置，坚持协同推进降碳、减污、扩绿、增长，为全球环境治理作出重大贡献。然而，生态文明建设成果还需要进一步巩固，生态环境问题仍是制约中国特色社会主义事业发展的短板问题，片面追求国内生产总值、忽视或者轻视生态环境保护的现象仍然不同程度地存在着。一旦放松警惕，生态文明建设的成果很有可能前功尽弃。习近平总书记指出："要清醒认识保护生态环境、治理环境污染的紧迫性和艰巨性，清醒认识加强生态文明建设的重要性和必要性。"②必须统筹考量全面建设社会主义现代化国家的伟大目标和必然要求，全面把握生态文明建设在党和国家事业发展全局中的重要战略地位，确保生态文明建设的政策举措不动摇、不松劲；必须提高生态文明建设的政治站位，坚持高位推动、持续攻坚，使全党全国人民都能感受到党中央推动生态文明建设的态度、决心和力度。第二，要压紧压实生态文明建设的主体责任和监督责任。党的十八大以来，以习近平同志为核心的党中央进一步深化了关于人与自然关系的认识，深刻回答了为什么建设生态文明、建设什么样的生态文明、怎样建设生态文明等重大理论和实践问题，提出了一系列新理念新思想新战略。2015年，随着《关于加快推进生态文明建设的意见》《党政领导干部生态环境损害责任追究办法（试行）》《生态文

---

① 参见北京林业大学生态文明研究中心课题组：《协力前行 共绘美丽中国更新画卷——我国生态文明建设情况研究》，《光明日报》2023年7月27日第7版。
② 《习近平谈治国理政》，外文出版社2014年版，第208页。

明体制改革总体方案》等重要文件的陆续出台，标志着我国生态文明建设的顶层设计已经初步完成。目前，建设生态文明的主要着力点应当是完善地方政府推进生态文明建设的规划和部署，全面压实各级党组织和领导干部的政治责任，确保党中央关于生态环境保护的决策部署能够得到不折不扣的落实。同时，要提高全民建设生态文明的意识和决心，充分利用好问责这个利器，使任何落实不力、督导不严的现象和问题能够得到惩治，促进美丽中国目标顺利实现。

### （二）贯彻人与自然和谐共生的基本方略

2017年，党的十九大明确将"坚持人与自然和谐共生"纳入新时代坚持和发展中国特色社会主义的基本方略。党的十九届五中全会明确提出："深入实施可持续发展战略，完善生态文明领域统筹协调机制，构建生态文明体系，促进经济社会发展全面绿色转型，建设人与自然和谐共生的现代化。"①坚持人与自然和谐共生，必须超越极端狭隘的人类中心主义和生态中心主义的局限，全面认识和把握人与自然关系的互动结构，遵循自然史与人类史协同演进的法则。新中国成立前，塞罕坝之所以从千里松林、皇家猎苑变成人迹罕至的荒原，主要就是因为人们忽视了自然界的基础性作用，将森林资源看作予取予求的对象。新中国成立后，塞罕坝之所以从高寒荒原转变成万顷绿洲，则是因为半个多世纪以来塞罕坝人坚持生态优先、绿色发展，矢志不渝造林、护林。弘扬塞罕坝精神，必须坚持人与自然和谐共生的基本原则，贯彻尊重自然、顺应自然、保护自然的理念，坚定走生产发展、生活富裕、生态良好的文明发展道路。

---

① 《中共中央关于制定国民经济和社会发展第十四个五年规划和二〇三五年远景目标的建议》，《人民日报》2020 年 11 月 4 日第 1 版。

尊重自然是人与自然相处时要秉持的首要态度，要求人对自然怀有敬畏之心、感恩之情、报恩之意。"自然界，就它自身不是人的身体而言，是人的无机的身体。人靠自然界生活。这就是说，自然界是人为了不致死亡而必须与之处于持续不断的交互作用过程的、人的身体。"①在人类产生以前，自然界具有外部优先性，人类本身是自然界长期发展的产物。在人类产生之后，自然的存在和发展也是不以人的意志为转移的。尊重自然并不是臣服于自然，更不是征服自然、控制自然。人与自然是生命共同体，因此在人类的生存和发展过程中，必须尊重自然界的客观存在，按照人与自然相统一的原则来认识自然、理解自然、关怀自然。弘扬绿色发展理念，必须科学把握自然作为人类无机身体的战略地位，按照人与自然和谐统一的要求分析问题、解决问题。必须建立并巩固退耕还林、退牧还草、退耕还湿、造林种草的长效机制，以资源环境承载力为基础，给自然界留下充分的休养生息的空间。

顺应自然是人与自然相处时应遵循的基本原则，要求顺应自然规律、按客观规律办事。生态是统一的自然系统，是相互依存、紧密联系的有机链条。各类生态系统一直处于不断的发展、变化和演替之中。万事万物都是按照其固有的规律运行和发展的，人类在认识和改造自然的过程中，必须正确发挥主观能动性，不能违背自然界的客观规律。人类文明演进必须建立在尊重自然规律的基础上，自觉遵循自然生态系统和社会生态系统原理，如果违背自然界的运行规律，必然遭到自然界的惩罚和报复。弘扬塞罕坝精神，要强化科学意识，秉持

---

① 《马克思恩格斯文集》第一卷，人民出版社 2009 年版，第 161 页。

科学态度，按照科学的思想、科学的理论、科学的制度和科学的方法推动植树造林工作，自觉按照自然规律、经济规律和社会规律办事，促进人与自然互利共生、协同进化。

保护自然是人与自然相处时应承担的重要责任，要求人类主动呵护自然、回报自然。自然界是人类的栖息之所，是人类赖以生存和发展的根基。人类在自然界中处于特殊的生态位，"我们对自然界的整个支配作用，就在于我们比其他一切生物强，能够认识和正确运用自然规律"①。人类作为生态系统的特殊组成，不仅可以作为"自然的力量"影响整个世界，而且必须履行对自然界的责任。塞罕坝人肩扛修复生态、保护生态的历史使命和政治责任，创造了生态建设史上的绿色奇迹，铸造了一个跨时空进行生态文明建设的生动范例。弘扬塞罕坝精神，必须保持和加强绿色发展的战略定力，强化人类对自然界的保护意识，实施森林、草地、湿地、湖泊等重大生态系统的修复工程，推进荒漠化、水土流失的综合治理，保护自然综合体、自然资源和生物多样性，形成节约资源和保护环境的空间格局、产业结构、生产方式、生活方式。

### （三）促进经济社会发展全面绿色转型

生态环境问题归根到底是经济发展方式问题，全球气候变暖、环境污染、资源枯竭、生态退化等问题都是由于过度追求经济发展的速度和规模，轻视或者漠视生态保护，进而导致生态系统失衡所造成的结果。总结历史经验，"绿色生态是最大财富、最大优势、最大品牌，一定要保护好，做好治山理水、显山露水的文章，走出一条经

---

① 《马克思恩格斯文集》第九卷，人民出版社 2009 年版，第 560 页。

济发展和生态文明水平提高相辅相成、相得益彰的路子"①。具体来说，必须正确处理经济发展同生态环境保护的关系，切实把绿色发展理念融入经济社会发展的各个方面，加快构建绿色生产体系、绿色经营体系，大力增强全社会的节约意识、生态意识，进而促进生产方式和生活方式的绿色化转变。塞罕坝林场之所以享誉中外，正是因为坚持了生态优先、绿色发展之路，塞罕坝的每棵树、每朵花、每声鸟鸣无不饱含着林场职工对生态保护的无限执着和不懈追求。他们依靠科技创新破解各种难题，不仅提高了苗木的成活率，而且提高了劳动生产率，降低了造林投入成本，切实提高了造林的功效。林业部评价塞罕坝林场造林成效为"两高一低"，即成活率高、保存率高、成本低。塞罕坝林场开足马力，一年曾造林达8万亩。随着造林事业的快速发展，一些企业想到塞罕坝投资建厂，但是基于有可能危害生态环境的考量，有些项目被塞罕坝人拒绝了。"按照规划，塞罕坝完全可以承受100万人次接待量，再轻松增加收入4000多万元，但塞罕坝林场却作出决定：严格控制入园人数、控制入园时间、控制开发区域、控制占林面积。"② 河北省还科学划定塞罕坝机械林场及周边区域禁止旅游区，以进一步强化生态环境安全。坚持走绿色发展道路，不仅给林场带来巨大经济效益，而且带动周边群众走上绿色致富之路。塞罕坝林场"直接提供临时就业岗位约1.5万个，带动周边百姓发展乡村旅游、山野特产、手工工艺、交通运输等外围产业，每年可实现社

---

① 中共中央文献研究室编：《习近平关于社会主义生态文明建设论述摘编》，中央文献出版社2017年版，第33页。

② 赵书华、李巍、曹智：《生态文明建设的"中国样本"》，《河北日报》2017年12月7日第6版。

会总收入6亿多元"①。弘扬绿色发展理念，依托生态优势发展经济，强调发展经济的前提是不损害生态环境。塞罕坝林场严守森林、湿地、物种等林业生态保护红线，不断加快产业结构调整，积极培育绿色经济的增长点，努力打造科学发展的新引擎，推动绿色经济的逐步崛起。在塞罕坝林场的带动下，周边群众对绿色发展的认同感大幅度增强，对森林资源的保护意识也明显增强了。

弘扬塞罕坝精神，必须促进发展方式的根本转变，具体要从以下几个方面着手。首先，必须不断更新发展思路。在时间层面看，坚持经济发展与环境保护的统筹兼顾，既要满足当代人的发展需求，又不能损害后代人的发展权利，必须摒弃"先污染后治理，边治理边污染"的发展模式，追求发展的长效性和持续性。从空间层面看，坚持经济发展与环境保护统筹兼顾，必须坚持利益共享、责任共担，统筹考虑山上山下、地上地下、陆上水上、上游下游等涉及生态环保的所有方面，实行全方位、全地域、全过程保护，统筹促进城乡、区域、海陆空的协调发展。其次，要建立体现生态文明要求的考核评价机制，引导广大领导干部牢固树立绿色政绩观。要坚持绿水青山就是金山银山的理念，贯彻落实以绿色国内生产总值为核心的政绩观，将污染防治、环境保护摆在更加突出的位置，坚持绿色发展、循环发展、低碳发展。再次，必须构建生态化、低碳化的绿色产业体系。要按照科技含量高、资源消耗低、环境污染少的基本标准来优化产业结构，推动产业发展方式的绿色转型。一方面要大力培育绿色产业，打造新

---

① 庞超、赵书华、李建成：《绿水青山就是金山银山——塞罕坝机械林场生态文明建设启示录》，《河北日报》2017年8月3日第5版。

兴产业，做大做强绿色发展产业链，引领产业结构调整的新方向；另一方面要推动传统产业体系的绿色升级，逐步淘汰高污染、高消耗的落后设备和生产工艺，切实提高能源资源利用率。最后，要倡导绿色低碳健康的生活方式。绿色发展人人有责、人人共享，需要全体社会成员的积极参与、共同努力。要从点滴做起，从我做起，节约用水、节约用电、节约粮食，将节约的精神贯彻到日常生活的细节中、实际中。要推行简约适度的生活方式，倡导低碳或无碳的出行方式，做好生活垃圾处置的加减法。要牢固树立勤俭节约的家风，自觉抵制奢侈浪费的不良风气，营造绿色低碳的社会风尚。

### （四）完善生态文明制度体系

制度具有根本性、全局性、稳定性和长期性，在推动绿色发展、巩固生态文明建设成果方面发挥着重要作用。完善生态文明制度体系，即将已经相对成熟的发展理念、经验思路、技术标准上升为制度机制，进而将制度优势转化为生态治理效能。为加快建立系统完整的生态文明制度体系，中共中央、国务院于2015年印发了《生态文明体制改革总体方案》。2019年，党的十九届四中全会提出要实行最严格的生态环境保护制度，全面建立资源高效利用制度，健全生态保护和修复制度，严明生态环境保护责任制度，促进人与自然和谐共生。巩固生态文明建设的成果，必须进一步完善生态文明制度体系，结合地方实际推动生态文明制度体系的深化和细化。塞罕坝林场能够取得成功的重要经验之一就是坚持不断健全和完善生态环境保护制度，确保党和国家关于生态文明建设的方针政策能够严格贯彻落实，以持续坚定地走绿色发展之路。一方面，在部、省直属的垂管体制下，塞罕坝机械林场获得了相对稳定的资金、技术、人才投入，其主体部分也是按照公益林的建设目标接续传递。另一方面，塞罕坝林场坚持科技兴林，在植树造林、护林防火、林木病虫害防治、绿化苗木、森林旅游、经营管理、质量考核等方面形成了一套行之有效的制度成果。经过长期努力，他们在植树造林方面摸索出了"三锹半缝隙植苗法""十行双株造林""干插缝造林"等技术经验，在营林方面总结出大密度初植、多次中间抚育利用和主伐利用相结合的人工林可持续经营策略，并总结编制了施工技术细则，形成了规范的森林培育作业流程。塞罕坝林场制定并完善了《造林质量责任追究和奖惩办法》《容器育苗与造林技术管理细则》《百分制考核验收办法》等制度，把严格质量管理制度作为提升造林质量的根本手段，通过明确责任、联合检查、加强督导来确保造林成活率、保存率和营林质量。为规范和加强经营管理，林场将万顷林海划分为"国家级自然保护区""公益林""国家级森林公园""商品林"四大经营板块，坚持经营和保护并重、利用和培育并举，实行分类经营、分区施策，着力推进林业可持续发展。

弘扬塞罕坝精神，必须走绿色发展之路，不断完善生态环境保护和污染治理的责任体系。在科学制度的引领下，基于技术体系的完善而提高了造林成效，基于管理体系的完善而凝聚了企业、社会、个人的整体合力。弘扬塞罕坝精神，必须以制度建设为抓手，全面提升绿色发展的能力和水平。首先，必须实行最严格的生态环境保护制度。"要加快制度创新，增加制度供给，完善制度配套，强化制度执行，让制度成为刚性的约束和不可触碰的高压线。"①要划定并严守生态保护红线、环境质量底线、资源利用上线，对生态功能重要区域和生态环境敏感脆弱区域进行严格监管、重点保护。要完善生态环境保护法律体系和执法司法制度，坚持有法可依、有法必依、执法必严、违法必究的基本方针，健全源头预防、过程控制、损害赔偿、责任追究的生态环境保护体系，依法严厉惩治各类污染生态环境、破坏自然资源的行为。其次，必须健全生态保护和修复制度。要全面摸清水流、森林、山岭、草原、荒地、滩涂等自然资源的基本状况，科学划清自然资源登记单元的边界，明确具体权利归属，建立完善适宜的生态管理体制。要坚持以生态优先、绿色发展为导向，理顺中央与地方、不同部门、跨行政区划之间的权责关系，形成高效、协同的生态治理机制。要推动基础研究和前沿技术的创新发展，推进生态修复理论和方法的提升，促进生态治理方案的优化。再次，必须健全生态环境保护责任制度。要进一步明晰政府、企业、公众等各类主体权责，建立权力清单和责任清单，畅通参与渠道，确保履职尽责。要实施党政领导干部生态环境损害责任追究，明确追责范围、追责程序、量刑标准、处置举措，使具体的损害责任追究有法可依、有据可查，使责任追究制度能够得到切实贯彻落实。要建立市场化、多元化的生态保护补偿机制，坚持谁受益、谁补偿的原则，完善绿色利益共享共担机制。

---

① 《十九大以来重要文献选编》上，中央文献出版社 2019 年版，第 452 页。

# 第五章

## 筑牢思想根基 传承精神伟力

在半个多世纪的造林护林营林实践中，塞罕坝建设者秉承对人民、对民族高度负责的态度，保持艰苦奋斗、开拓创新、绿色发展、百折不挠的决心和勇气，通过自我革新、自我锤炼，凝聚成伟大的精神品格。习近平总书记号召全党全社会坚持绿色发展理念，弘扬塞罕坝精神，持之以恒推进生态文明建设。深刻把握塞罕坝精神的主要内容、精髓要义，对于促进党员干部和人民群众提高思想觉悟，加强社会主义精神文明建设，建设人与自然和谐共生的现代化具有重要的现实意义。

## 一、关于塞罕坝精神的理解视角

要全面准确地把握塞罕坝精神，必须首先厘清其性质和属性，正确处理集体与个人、应然和必然、自我认知和自我超越的关系。

### （一）集体层面的价值信仰

全面准确地理解塞罕坝精神，必须正确把握个体认同与集体身份的关系。整体是由个体组成的，个体是整体中的个体。无数个体在彼此相互作用中构成社会发展的整体合力，推动人类社会向前发展。"个体是社会存在物。因此，他的生命表现，即使不采取共同的、同他人一起完成的生命表现这种直接形式，也是社会生活的表现和确证。"[1]尽管很多个体的活动并不是自觉、自主进行的，但仍然是处于一定社会关系之下的作用形式，是整个社会合力的组成部分。当然，每个人都会从不同的角度把握人与人、人与社会的关系，并形成个体的品味和理想。个体对世界的认知是多元化的、多层次的，因此个体的境界也是多样化的。其中，越是符合社会整体合力的意志力量越容易实现，否则只能成为被抵消掉的部分。考察个体活动的具体效果，主要看其与社会发展方向的重合度，重合度越高形成的合力越大。在个人主义、拜金主义、功利主义、享乐主义等思想的影响下，总是有一部分个体试图将个人利益的得失置于社会共同体之上，干扰社会的发展进程。"一个社会是否和谐，一个国家能否实现长治久安，很大程度上取决于全体社会成员的思想道德素质。没有共同的理想信念，没有良好的道德规范，是无法实现社会和谐的。"[2]历史唯物主义认为，人民群众是推动社会发展的主体力量，而劳动群众是推动社会发展进步主要的稳定的力量，因此更要重视科学理论和道德规范的导引作用，使广大人民群众的精神意志集结在一起，以激发亿万人民的创造伟力。当社会整体道德素质、精神境界得到提升，就会推动社会的良性运转，使个体的聪明才智和创造能力充分发挥出来。如果没有共同的思想基础、共同的精神支柱，人们的实践活动就会失去正确方向。

在塞罕坝，个体与集体在价值理念、行为准则、目标追求上是一致的。每个职工对塞罕坝林场的价值理念和实践目标都发自内心的

---

[1] 《马克思恩格斯文集》第一卷，人民出版社 2009 年版，第 188 页。

[2] 《十六大以来重要文献选编》中，中央文献出版社 2006 年版，第 710 页。

认同，能够坚持集体利益高于个人利益，社会价值高于个体价值的原则。一群有着共同阶级基础、共同理论基础的人，因为植树造林、绿化祖国、涵养水源的共同信仰走到一起，形成强大的物质力量。因此，从根本上说，塞罕坝精神是一种集体层面的精神追求，体现的是个体精神境界的交汇面和融合点，反映的是广大人民群众的根本利益和社会发展的整体趋向。在朴素的思想中孕育着崇高的精神境界，通过真正的合作推动效益的最大化实现和力量的最小化消耗。塞罕坝人之所以能够在平凡的岗位上做成伟大的事情，主要是因为他们将个人需要建立在人类共同需要的基础之上，将个人的事业和他人的、集体的、民族的、国家的甚至人类的命运联系在一起。当面对困难挫折时能够不放弃、不懈怠，坚持用自身的品德、才智、意志和劳动，创造出比有限的生命更长久的、具有跨时代意义的社会价值。要激发塞罕坝建设者的担当意识，必须强化造林人的身份认同。弘扬塞罕坝精神，旨在凝聚社会正能量，激发全体社会成员的智慧和力量，形成推动经济社会高质量发展的强大动力，进而为实现中华民族伟大复兴积蓄力量。

**（二）驰而不息的使命追求**

全面理解塞罕坝精神必须正确理解量变和质变的关系。马克思主义认为，事物的发展总是从量变开始的，量变是质变的前提和必要准备，质变是量变的必然结果。量变和质变原理揭示了事物发展的连续性和阶段性，为中国共产党人科学制定路线、方针、政策提供理论依据。根据量变和质变的辩证关系原理，在目标的设定方面必须坚持阶段性与连续性相统一的原则。习近平总书记指出："要真正做到一张好的蓝图一干到底，切实干出成效来。"①坚持目标的连续性就要保持强大的战略定力，始终坚持发展目标不偏移、精准发力，既不走封闭僵化的老路，也不走改旗易帜的邪路，坚韧不拔地朝着崇高的目标前进。在工作方法方面，要注重量的积累，要有持之以恒的干劲和意志。2013年2月28日，习近平总书记在党的十八届二中全会第二次全体会议上指出："我们要有钉钉子的精神，钉钉子往往不是一锤子就能钉好的，而是要一锤一锤接着敲，直到把钉子钉实钉牢，钉牢一颗再钉下一颗，不断钉下去，必然大有成效。如果东一榔头西一棒子，结果很可能是一颗钉子都钉不上、钉不牢。"②只有经过坚持不懈的积累，才能促成质变，实现成功。历史证明，任何伟大目标的实现都需要经过长期磨砺，必须有实干的态度和行动，刻苦钻研、反复实践，认真钉好每一锤，脚踏实地走好每一步。

塞罕坝精神蕴含了质量互变原理的基本要求，体现了超越时空的使命追求。植树造林、绿化山水是一项周期较长、任务繁重的系统工程，不仅涉及把树种活、把山复绿，而且要考虑人工生态系统和自然生态系统的真正融合。毫无疑问，这项事业远远超过了个体生命周期的跨度，需要几代人沿着同一轨道，经过连续性努力才可能实现。塞罕坝林场已经跨越60多个春秋，凝聚了三代人的心血。在此期间，中国经历了社会主义建设的高潮迭起、改革开放的风云激荡，并开启了全面建设社会主义现代化国家新征程，其中每一个阶段都有特定的历

---

① 中共中央文献研究室编：《习近平关于全面建成小康社会论述摘编》，中央文献出版社2016年版，第188页。

② 《习近平谈治国理政》，外文出版社2014年版，第400页。

史任务。然而，无论国际国内形势如何复杂多变，塞罕坝人始终坚守对党和国家忠诚的政治品格，坚守为人民事业奋斗的初心和使命，坚守对绿色革命、绿色发展的执着和情怀，驰而不息、久久为功，最终实现了绿色梦想。

塞罕坝精神蕴含了质量互变原理的方法论要求，体现了兢兢业业，持之以恒的工作作风。塞罕坝人一步一个脚印，脚踏实地做好每一项工作，认真完成艰苦创业、抚育间伐、攻坚造林等每一个阶段的历史任务。他们在求实求细上下功夫，勇于攻破引种、育苗、造林等一个又一个难题，实现了作业技术和作业流程的全面优化。"每一个人都在守护着他自身的人格，只是在以下的情况下，他才愿意接受思想模式和感觉模式的改变：所谓的改变应该能够进入他精神的整体性而且应该包含在他生命的连续性之内，或者当这一改变能够与他固有的存在、思考与感觉模式取得协调一致并获其整体性，同时能够与其记忆编织在一起。"①如果不能融入原有的思想理念，则必然导致思想的断层。对于三代塞罕坝人而言，绿色发展的工作主题是连续的，艰苦奋斗的意志、科学求实的品格铸就了一以贯之的解决问题的科学态度和基本方法。无论有多少磨难、有多少挑战，始终坚持一心一意种树。在创业初期，面对恶劣的自然条件和生存环境，塞罕坝人始终坚持植树造林不退缩；在市场经济条件下，面对名利诱惑、人情考验，塞罕坝人始终坚持绿色发展不动摇。塞罕坝人的精神追求具有恒定性，实践方略具有延续性，体现了一种超时空的精神内核与表达形式。

① ［西］乌纳穆诺：《生命的悲剧意识》，段继承译，上海人民出版社2019年版，第12页。

### （三）自我超越的精神力量

全面准确地理解塞罕坝精神必须正确把握自发和自觉的关系。在认识和改造客观世界的过程中，必然产生认识和改造主观世界的具体需求。自发主要是指对事物的感性认识，是一种盲目的精神和行为状态，是意识发展的初级形态。自觉意识是理性认识，强调对事物发展规律的认识，是意识发展的高级阶段。自觉意识不是凭空产生的，是基于对自我以及实践对象的反思性认识而产生的理性判断和前瞻性谋划，体现自我认识的提升和个体价值的自我超越。从认识形式的发展过程看，认识要不断经过感性认识上升到理性认识，从自发飞跃到自觉的发展过程。当然，从自发到自觉的飞跃并不是人类历史的终结，而是不断超越必然性束缚飞向自由王国的永无止境的无限发展过程。从具体内容看，由自发到自觉的飞跃至少包括以下两层含义。一是对自我生存、自我发展能力的超越。人类只有在认识和利用客观规律的基础上才能达到改造客观世界，满足主观需要的目的。客观世界是不断发展变化的，主观世界的改造也不是一劳永逸的，人总是处于不断自我否定、自我改造和自我提升过程中。在深刻认识自身有限性的基础上，在分析问题和解决问题的过程中，人类不断积淀知识和经验，积累了丰富的文明成果，进而形成了科学的工作思路和解决方法。二是对价值理念、道德修养的超越。驱使主体从自发向自觉飞跃的因素是多重的，而最根本的力量源于主体自我发展、自我实现的内在需求，展现的是一种自由自觉性的精神活动。人是现实的存在物，更是有目的有意识有追求的存在物。一个人不仅能够超越现实的物质生活，而且能够在应然理想的形塑下超越自己的精神境界。对应然状态的构想和追求主要建立在对实然状态批判的基础上，是对未来发展的憧憬和展望。

　　塞罕坝人用实际行动诠释了对马克思主义信仰、中华民族精神和中国共产党价值取向的深刻认识，表现出对自然规律和社会规律的正确理解，体现出一种自我超越的内在精神品质。一方面，塞罕坝人在长期艰苦奋斗中积累了丰富的经验，实现了知识和能力的自我超越。塞罕坝的气温、降水、风沙、土壤等自然状况非常恶劣，对苗木成活极其不利。塞罕坝人不断深化对自然规律的认识，在提高树苗生命力、改进生产工具、优化植树方法方面下功夫，通过完善技术手段突破自然条件的限制，大幅度提高了树木成活率。塞罕坝机械林场多为人工针叶林，随着森林规模的不断扩大，病虫害问题逐渐加重，防灾压力也不断加大。塞罕坝人持之以恒地观察昆虫的生物特性、活动规律，积极探索病虫害防治的时机和方法，不断提高森林病虫害的监测防治能力和综合治理水平。为了防治火灾，塞罕坝林场将林海分成规则的绿色方块，开辟了防火隔离带，基本上达到外围闭合，形成了一整套成熟的立体化火灾预防、监测和扑救体系，取得了很好的防治效果。塞罕坝建设者坚持科技引导、勤于钻研、大胆创新、攻坚克难，不断完善造林技术和作业方法，切实提高了生态文明建设的能力和水平。另一方面，塞罕坝人在改造荒山沙地的过程中修炼了道德操守，实现了精神境界的提升和超越。马克思主义是人类思想史上的精华，无时无刻不在践行自我革新的精神。塞罕坝人以马克思主义为指导思想，反对教条化地理解理论和实践的关系，反对照搬挪用其他地区的造林经验，主张运用辩证唯物主义和历史唯物主义的立场观点方法来分析问题和解决问题，必然推动理论创新和精神境界的自我提升。塞坝人不忘初心、忠于职责，把对党和人民事业的忠诚转化为做好植树造林工作的强大动力，在无私奉献中提升人生境界，用半个多世纪的坚守给全国人民上了一堂生动的思想政治教育课，是引领时代新人勇往直前的一座明亮灯塔。

## 二、关于塞罕坝精神的尺度考察

坚持用辩证唯物主义和历史唯物主义的立场、观点和方法考察塞罕坝精神，必须坚持理论与实践相统一、科学与价值相统一、逻辑与历史相统一的基本原则。

### （一）理论与实践相统一

马克思主义认为，全部社会生活在本质上是实践的。实践决定认识，是认识发展的源泉和动力、目的和归宿，同时也是检验认识正确与否的唯一标准。"一个正确的认识，往往需要经过由物质到精神，由精神到物质，即由实践到认识，由认识到实践这样多次的反复，才能够完成。"①认识对实践具有反作用，正确的认识能够对实践产生积极的指导作用，错误的认识则会将实践引向歧途。根据实践与认识的辩证关系原理，全面理解塞罕坝精神必须坚持理论与实践相统一的基本原则。

坚持理论与实践相统一，强调一切从实际出发。在20世纪六七十年代，塞罕坝人没有被恶劣的气候、短缺的生活条件吓倒，更没有盲目照搬其他地区的造林经验，强调一切从塞罕坝的实际情况出发，主

---

① 《毛泽东文集》第八卷，人民出版社1999年版，第321页。

张在实践中分析问题和探索破解路径，最终突破了高原高寒地区进行大规模种树的不利条件，创造了植树造林的绿色史诗。20世纪80年代以后，植树造林已成规模，塞罕坝林场由造林期转入营林期。塞罕坝人既没有重蹈滥伐林木的短视做法，也没有故步自封沉浸于已取得的成绩，而是强调从实际出发研究新情况、解决新问题，将护林防火防治病虫害摆在非常突出的战略位置，开始走多种经营、综合利用的绿色发展之路。2011年以后，根据党和国家的决策部署，塞罕坝林场作为生态涵养功能区的定位更加清晰。塞罕坝人积极适应新时代新要求，敢于迎难而上、敢啃硬骨头，开始在土壤贫瘠的石质山地和荒丘沙地上实施攻坚造林，成为全国生态文明建设的表率，成为中国特色社会主义生态文明建设的一面亮丽旗帜。

坚持理论与实践相统一，必须尊重和发挥人民群众的主体性。人民群众是物质财富的创造者、精神财富的创造者、社会变革的主体力量。办法来自实践，创新来自群众。毋庸置疑，塞罕坝林场所取得的伟大成就是充分调动全体职工以及周边群众积极性、创造性的必然结果。塞罕坝林场职工大胆试验、积极探索，在求实求细上下功夫，在植树造林、营林护林等方面不断取得新突破。同时，塞罕坝人不断加强实践经验的理论概括和升华提炼，不断深化对自然规律的科学认识，不断完善造林护林的技术规范，并逐步推动塞罕坝林场经验的推广应用。当然，实践也是不断发展的，必然会不断涌现出新情况新问题。塞罕坝人坚持创造性地开展工作，不断研究新情况，总结新经验，必然开拓绿化事业的新局面。

坚持理论与实践相统一，必须坚持理论学习。习近平总书记深刻指出："学习和掌握理论的深度，直接影响甚至决定着一个领导干部的政治敏感程度、思维视野广度和思想境界高度。"[①]只有坚持理论学习，才能增强理论底蕴，推动理论创新，进而开辟思想认识的新境界。塞罕坝建设者高度重视政治理论学习和业务知识学习，推动思想境界和业务能力的不断提升。弘扬塞罕坝精神，必须加强对塞罕坝经验的凝练和概括，深刻领会塞罕坝精神的科学内涵、精髓要义和实践要求。

坚持理论与实践相统一，必须立足自身的岗位要求和具体情况，在改造客观世界的同时促进主观世界的改造。只有推进理论创新和实践创新的良性互动，才能为精神境界的提升注入持续动力，进而促进新时代我国社会主要矛盾的科学解决。作为建设中国特色社会主义的主人翁，必须自觉运用马克思主义的立场、观点和方法发现问题、解决问题，不断提高化解矛盾冲突的方法和能力，切实提高理论学习的针对性和实效性；必须深入实践，与人民群众同呼吸、共命运，在人民群众中汲取智慧和力量，切实增强使命意识和担当精神；必须坚持人与自然和谐共生，加强生态文明建设和生态环境保护，积极践行绿色发展理念，努力共建美好新生活。

（二）科学与价值相统一

马克思主义认为，科学原则也是求真原则，侧重于客体性，强调对客观规律的认识和探索。价值原则是目的性原则，侧重于主体性，体现认识世界和改造世界的目的和出发点。坚持科学与价值相统一，

---

① 习近平：《在中央党校 2012 年秋季学期开学典礼上的讲话》，《学习时报》2012 年 9 月 10 日第 1 版。

也就是坚持合目的性与合规律的统一。认识和改造客观世界的目的是不断地满足人的主体性需要，而实现这一目标的必要条件在于揭示事物发展的客观规律，并按客观规律办事。同样，只有以主体需要为立足点，使主体的人格得到尊重，物质利益得到满足，才能赢得主体的信任和支持，进而凝聚人类主体的智慧和力量。毛泽东同志在论述革命的斗争和策略问题时曾深刻指出："无产阶级及其政党要实现自己对同盟者的领导，必须具备两个条件：一是率领被领导者向着共同的敌人作坚决斗争并取得胜利；二是对被领导者给以物质利益，至少不损害其利益，同时给以政治教育，等等。"[①]经过半个多世纪的持续性努力，塞罕坝人不仅让荒山荒漠变成了百万林海，而且为中国精神增辉添色。总结历史经验，考察塞罕坝精神，必须坚持全面性的观点，科学把握塞罕坝建设者在植树造林中所取得的伟大成就，深刻理解塞罕坝精神的内核与实质。

坚持科学与价值相统一，强调坚持以人民为中心的价值取向。关于发展目的性、价值选择性的规定，指向发展为了谁、发展依靠谁、发展成果由谁共享等基本问题，集中体现发展的政治方向。如果没有崇高价值的引领和道德规范的有效约束，那么科学技术越发达意味着其给社会带来的风险也越大。历史证明，追求少数人的一己私利、违背人民群众意志的发展道路，是没有前途的。人类认识自然、改造自然是为了人类社会的长远发展，消解人的主体性同样违背科学与价值相统一的原则。进入工业社会之后，生产劳动的科技含量越来越高，人类对客观世界的认识和把握越来越深刻。不过，在资本的主宰之下，个人主义、利己

---

① 《改革开放三十年重要文献选编》上，人民出版社 2008 年版，第 207 页。

主义价值观大为盛行，总是意图凌驾于自然之上，肆意掠夺资源环境，破坏人与自然界的和谐统一。塞罕坝人坚持科学与价值、主体与客体相统一的原则，走出了一条不一样的道路，创造了文明演进史上的逆转奇迹。塞罕坝人的价值理念具有鲜明的利他性，坚持以人民为中心的价值取向，将人民的利益摆在至高无上的位置，甚至牺牲个人利益维护集体利益、牺牲局部利益保全整体利益。从建场到扬名四方，塞罕坝林场始终坚持人民的主体地位，主张发展为了人民、发展依靠人民、发展成果由人民共享。正是有坚持以人民为中心的价值理念引领，林场全体职工才能铆足干劲儿沿着一个方向努力，不断深化对自然规律的认识，超额完成了植树造林的伟大任务。

坚持科学与价值相统一，强调在尊重客观规律的基础上认识世界和改造世界。坚持合规律性主要回答了怎样发展这一基本问题，强调运用科学的发展方法和手段来推动发展目标的顺利实现。客观世界及其运行规律都是不以人的意志为转移的，人类对客观世界的认识和改造必须以尊重客观世界及其发展规律的客观性为前提。没有科学精神引领的价值理念，是虚幻的、抽象的，缺乏实现的可能性。坚定的理想信仰、崇高的精神境界，都是建立在对客观世界发展规律正确认识的基础之上。塞罕坝林场坚持依靠科学精神解决技术难题，注重自主探索、学术交流、人才培养，不断提高科技支撑水平。目前，"共研究完成《塞罕坝机械林场落叶松人工林集约经营系统的研究》等专项课题82项，编写了《塞罕坝植物志》等林学专著71本，编制完成《国有林场抚育间伐施工技能评估规范》等行业和地方技术标准32

项"①。追求和发展真理是一个永无止境的过程，是塞罕坝精神之所以永葆生机和活力的基本经验。习近平总书记指出，"我们要以科学的态度对待科学，以真理的精神追求真理"②。塞罕坝人在不断深化育苗规律、造林规律、育林规律、营林规律的基础上，不断强化宗旨意识，提升精神境界，为各行各业树立了榜样。

### （三）逻辑与历史相统一

逻辑与历史相统一的方法是指运用概念、判断、推理等思维形式把握客观实在的运动过程，以形成更符合客观世界本来面貌的思想认识的研究方法。习近平总书记指出："历史、现实、未来是相通的。历史是过去的现实，现实是未来的历史。"③逻辑与历史是对立统一的，逻辑指引历史，历史实现逻辑。只有从客观历史出发，才能真正把握历史的内在联系和发展机制。反过来，如果离开逻辑的引导，历史也只是个别事实的简单堆砌，没有任何普遍价值。当然，逻辑与历史是相互区别的，逻辑具有相对独立性。坚持逻辑与历史相统一的原则，不仅要厘清历史发展中的偶然性、次要性联系，而且要把握最重要、最基本、最稳定的历史联系，在修正中科学再现历史的规律性。考察塞罕坝精神，必须坚持逻辑与历史相统一的原则，将其置于具体的历史的环境中进行全面分析，才能真正把握其内在联系和发展机制。

贯彻逻辑与历史相统一的原则，要求我们从客观历史事实出发把握塞罕坝林场的奋斗历史。历史是最好的教科书，学习和研究塞罕

---

① 张腾扬：《河北塞罕坝机械林场 科技续写绿色奇迹》，《人民日报》2022年7月7日第14版。
② 《习近平在中共中央政治局第五次集体学习时强调 深刻感悟和把握马克思主义真理力量 谱写新时代中国特色社会主义新篇章》，《人民日报》2018年4月25日第1版。
③ 《习近平谈治国理政》，外文出版社2014年版，第67页。

坝林场的光辉历史是为了传承其所凝聚的智慧和力量，坚守初心和使命。历史是具体的、生动的、丰富的，"具体之所以具体，因为它是许多规定的综合，因而是多样性的统一"①。塞罕坝建设者的伟大事迹犹如高岭上成长的树木一样鲜活而有生命力，弘扬塞罕坝精神必须结合塞罕坝建设者的事迹来叙述。科学思维能够如实反映客观现实的发展过程，科学的实践活动能够推动逻辑在历史现实中展开，但前提是必须尊重客观事实和客观过程，才能更科学把握塞罕坝林场奋斗过程中所经历的各种风险和挑战，更能理解塞罕坝精神的伟大之处。以马克思主义历史观为指导，弘扬塞罕坝精神，必须尊重历史事实和历史逻辑，从物质实践出发分析塞罕坝精神形成的历史过程。坚持从客观实际出发，必须全面占有历史材料，既要重视影响塞罕坝精神发展的关键节点、重要事件、突出人物，又要认真挖掘细节材料，从而更精准地拼接历史。弘扬塞罕坝精神，必须掌握更充分的史实基础，使历史研究和历史故事经得起推敲、经得起考证。

贯彻逻辑与历史相统一的原则，要求坚持用全面、发展和联系的观点把握塞罕坝精神的发展历程。马克思主义认为，必须坚持辩证思维讲述历史故事，推进历史事实的真实呈现、全面呈现、客观呈现。以马克思主义历史观为指导，必须坚持"两点论"与"重点论"相统一，必然性与偶然性相统一、前进性与曲折性相统一的原则来认识塞罕坝精神形成的历史条件，历史过程及其所蕴含的历史规律。既要尊重历史的内在联系，牢牢把握历史的主线和本质，阐释历史发展的必然性，又要厘清微观历史联系，完善历史细节和历史过程，丰富历

---

① 《马克思恩格斯文集》第八卷，人民出版社 2009 年版，第 25 页。

史图景和历史故事，以无限接近历史、再现历史。具体来说，既要看
到"六女上坝"、"马蹄坑大会战"、雨淞自救、攻坚造林等经典案
例，也要看到塞罕坝林场每个职工、每个环节的奉献与付出。不同时
期的精神成果反映了不同阶段的工作重心和实践要求，同时具有内在
的一致性，体现了党的根与魂，构成了塞罕坝的精神谱系。塞罕坝人
的精神品格在不同时期有不同表现形式，但是其精神实质是一致的，
作用机制是一脉相承的，共同熔铸而成塞罕坝的精神血脉。考察塞罕
坝精神的实践历程，必须运用辩证唯物主义和历史唯物主义的根本方
法，坚持逻辑与历史相统一的原则，全面探索其精神品格的发展理路
和作用机制，深刻领会塞罕坝精神的实质和核心要义，促进优秀精神
基因的传承与创新。

## 三、塞罕坝精神的历史地位

沧海桑田，人类文明光辉璀璨，精神长河不停奔涌向前。塞罕坝
精神作为中华民族宝贵精神财富的重要组成部分，体现了社会主义核
心价值观的本质追求，不仅对全国生态文明建设具有示范性作用，而
且对开启全面建设社会主义现代化国家新征程具有重要的历史价值和
现实意义。

### （一）对马克思主义道德观的继承和发展

道德是人们共同生活及其行为的准则与规范，具有很强的内在
约束力，对稳定社会秩序具有重要作用。历史唯物主义认为，道德属
于社会意识范畴，是经济关系的反映，不存在超阶级的道德意识。

"人们自觉地或不自觉地，归根到底总是从他们阶级地位所依据的实际关系中——从他们进行生产和交换的经济关系中，获得自己的伦理观念。"[①] 资本主义道德观是建立在生产资料资本主义私有制的基础之上，以尊重和增进个人利益作为人们行为的准则和规范，推崇个人主义和利己主义的道德原则，导致人与自然、人与社会、人与自身关系的分歧和对立。马克思主义道德观以为绝大多数人谋利益为根本立场，以人的自由全面发展为根本价值取向，以追求全人类解放为至高境界，体现了对资本主义金钱道德观的批判超越。塞罕坝精神是在社会主义建设时期产生的，蕴含着丰富的道德资源，体现了对马克思主义道德观的继承和发展。第一，塞罕坝精神贯穿着集体主义的价值取向。集体意识是在个体意识的基础之上形成的，体现集体成员对共同体目标追求、思想体系和价值理念的理解和认同。集体意识一旦形成就会产生强大的向心力和凝聚力，影响和规范个体的行为习惯。60多年来，塞罕坝建设者始终奉行集体主义的价值原则，牢固树立大局意识、协作精神，自觉做共产主义远大理想和中国特色社会主义共同理想的坚定信仰者、忠实实践者。造林绿化功在当代、利在千秋，是社会主义建设事业的重要组成部分，是伟大的共产主义事业具体实践的重要组成部分。塞罕坝建设者秉承无私奉献精神，牢记为首都阻沙源、为京津涵水源的使命，将国家利益、集体利益置于个人利益之上，将个人理想与植树造林事业、个人选择与国家需要、个人追求与人民利益紧密结合起来。他们正值青春浪漫之际，主动请缨到人烟稀少、条件艰苦的塞罕坝，战风沙、斗严寒，用实际行动诠释了"心中

---

① 《马克思恩格斯文集》第九卷，人民出版社，2009年版，第99页。

有集体、心中有国家"的真挚情怀，展现了"团结一致、无私奉献、集体至上"的道德观念。他们着眼全面推进美丽中国建设的全局和大局，聚焦京津冀生态环境支撑区建设，在坚持独立自主和自力更生的基础上，集结全体同志的智慧和力量，形成推进绿色发展的强大力量。第二，塞罕坝精神是以为人民服务为核心的道德理念。道德建设的核心是为谁服务的问题，社会主义道德的核心是为人民服务。人民是一个政治、历史范畴，其主体始终是从事物质资料生产的广大劳动群众。毛泽东同志指出："共产党是为民族、为人民谋利益的政党，它本身决无私利可图。"①中国共产党章程明确规定："党除了工人阶级和最广大人民的利益，没有自己特殊的利益。"②社会主义事业是广大劳动人民群众的事业，必须依靠广大劳动群众的共同努力，并以人的自由全面发展为根本目标。塞罕坝建设者树立生态优先、绿色发展的理念，致力于解决风沙危害等突出的生态环境问题，旨在为人民群众提供更多优质生态产品和更优美生态环境，建设天蓝、地绿、水净的美好家园。塞罕坝成为"林的海洋、河的源头，花的世界、鸟的天堂"，凝结了几代人的希望和血汗。时代变迁，塞罕坝林场的具体发展目标和任务有所调整，但是其对人民群众的关爱和情怀始终如一。

### （二）对中华民族精神的继承和发展

中华民族精神是全国各族人民在长期共同实践中形成的民族意识、民族心理、民族品格、民族气质的总和，既是中华民族文化的核心和灵魂，也是中华民族赖以生存和发展的精神支撑。它在中华民族

---

① 《建党以来重要文献选编（1921—1949）》第十八册，中央文献出版社2011年版，第679页。
② 《十五大以来重要文献选编》中，人民出版社2001年版，第1558页。

独特的自然地理环境、风俗文化传统中孕育生长，积数千年之精华，博大精深。塞罕坝精神是中国共产党领导中国人民在长期植树造林的实践中积累的，是中华民族精神在林业行业的具体体现和接续发展。塞罕坝建设者汲取了中华民族的智慧力量，同时也为中华民族的精神宝库再增新彩。第一，塞罕坝建设者百折不挠的奋斗精神是对中华民族自强不息精神的继承和发展。中华民族历经苦难而又生生不息，始终保持不屈不挠、自强不息的精神。曾子有云："士不可以不弘毅，任重而道远。仁以为己任，不亦重乎？死而后已，不亦远乎？"从大禹治水、愚公移山到精卫填海，坚强不屈的精神已经融入中华民族的血液里。从五四运动、太平天国运动、辛亥革命、抗日战争到解放战争，中华民族在任何苦难面前从未低头，始终坚持理想信念，砥砺奋进。艰苦奋斗、不屈不挠也是塞罕坝精神形成的基础，是塞罕坝建设者战胜失败和困难的思想武器。且不说塞罕坝的恶劣自然条件和生活条件，单是建设中所遭遇的自然灾害都是历史性难题。建场之初，塞罕坝的造林存活率不足10%。1977年，林场遭遇"雨凇"灾害，57万亩林木受灾；1980年，林场遭遇特大旱灾，直接导致12.6万亩林木枯死。①塞罕坝建设者们并未被困难吓倒，始终秉承崇高的理想信念，坚持百折不挠的奋斗精神，战胜了一个又一个艰难险阻。第二，塞罕坝建设者的开拓进取精神是对中华民族敢为天下先精神的继承和发展。中华民族是崇尚改革创新的民族，凭借伟大的创造能力立足于世界之林。中华优秀传统文化中蕴含了丰富的创新基因，影响着中国人的思维方式和行为方式。从盘古开天辟地、女娲造人、神农尝百草，

---

① 参见刘毅、史自强：《"塞罕坝"是怎样铸成的》，《人民日报》2017年8月5日第4版。

到商汤《盘铭》"苟日新，日日新，又日新"、清代赵翼《论诗五绝（其一）》"满眼生机转化钧，天工人巧日争新"，中华传统文化中的创新元素源远流长。原始先民用智慧和担当创造了中华历史，用开天辟地的首创精神滋养着炎黄子孙。这种敢为天下先的精神转化为中华民族的重要精神品格，是中华儿女的伟大精神气节之一，也是中华民族历经5000多年沧桑能够绵延不断的重要力量。从商鞅变法、王安石变法直到戊戌变法，在中华民族内部始终贯穿着一种积极进取的政治力量。《日知录·正始》有云："保天下者，匹夫之贱，与有责焉耳矣。"谭嗣同有言："不有行者，无以图将来；不有死者，无以酬圣主。"中国共产党继承了中华民族的开天辟地精神，领导全国各族人民，经过28年浴血奋战，推翻三座大山，建立了中华人民共和国。塞罕坝建设者继承了中华民族的开拓进取精神，克服了技术难题、生存难题，打造了环境治理的成功样本。20世纪五六十年代，塞罕坝的自然条件非常恶劣，集中了高寒、高海拔、降雨量少、无霜期短、大风、沙化等各种不利境况，对植树造林来说前景堪忧。面对困难，塞罕坝人没有退缩，经过一系列技术改进，使得栽植成活率提高到90%以上。经过几十年的艰苦创业，塞罕坝的造林面积大幅度提升，造出了世界上最大的人工林。面对这些成就，塞罕坝建设者没有停滞不前，而是继续攻坚克难，志在绿化造林难度更大的石质荒山。对于塞罕坝建设者而言，没有不能突破的立地条件，困难和挑战意味着更大的机会和责任。塞罕坝建设者深刻诠释了敢为天下先的精神，为推动生态文明建设树立了典范，激励着新时代中华儿女勠力同心谱写高质量发展的新篇章。

### （三）对中国共产党伟大精神的继承和发展

一百多年来，中国共产党筚路蓝缕、栉风沐雨、勠力同心，形成了一系列体现党的性质和宗旨、具有丰富内涵的伟大精神。在新民主主义革命时期，中国共产党领导中国人民推翻了帝国主义、封建主义、官僚资本主义三座大山，用生命和鲜血争取中华民族独立，铸就了井冈山精神、长征精神、延安精神、西柏坡精神等伟大精神；在社会主义革命和建设时期，中国共产党领导中国人民通过自力更生、艰苦创业，为实现中华民族伟大复兴奠定根本政治前提和制度基础，形成了抗美援朝精神、"两弹一星"精神、雷锋精神、焦裕禄精神、大庆精神、红旗渠精神等伟大精神；在改革开放和社会主义现代化建设新时期，中国共产党领导中国人民坚持开拓创新、锐意进取，实现了人民生活从温饱不足到总体小康、奔向全面小康的历史性跨越，形成了改革开放精神、特区精神、抗震救灾精神、载人航天精神等伟大精神；在中国特色社会主义新时代，中国共产党领导中国人民勇立潮头、实干担当，为实现中华民族伟大复兴的宏伟目标不懈奋斗，形成脱贫攻坚精神、抗疫精神、探月精神、新时代北斗精神、丝路精神等伟大精神。中国共产党的伟大精神是党和国家的宝贵精神财富，是标注中国共产党奋斗历程的精神坐标，为实现中华民族伟大复兴提供精神支撑。塞罕坝精神是中国共产党领导塞罕坝建设者在书写绿色传奇的伟大实践中孕育形成的，是中国共产党人精神谱系的组成部分，是沙地变绿洲、荒原变林海的"精神密码"。塞罕坝建设者继承了中国共产党伟大精神的革命性内核，牢固树立国家利益高于个人利益的爱国主义情怀，秉承为人民服务的初心和使命，发扬艰苦奋斗、改革创新的精神，将对共产主义的忠诚转化为对绿色事业的信仰，将中国共产党的革命精神转化为坚韧不拔的拼搏精神、创业精神，将社会主义建设的精神转化为爱岗敬业、无私奉献精神，将改革开放的精神转化为开拓进取、攻坚克难精神。塞罕坝精神是中国共产党伟大精神的继承和发展，必然在新阶段焕发出新光彩。总之，塞罕坝精神以牢记使命、艰苦创业、绿色发展为核心要义，展示了中国共产党人的精神品格，彰显了中国共产党人的绿色情怀和使命担当。

### （四）对人类优秀文明成果的继承和发展

人类的两项基本活动是认识自然和改造自然，而文明是人类认识世界和改造世界的过程中所创造的积极成果的总和，是人类在延续发展中所积累的经验总结和智慧结晶。从狩猎文明、农耕文明、工业文明到信息文明，人类对自然界的改造能力不断提升，对自然界的影响力也越来越大。需要保持清醒的是，自然界是人类的无机身体，是人类生存和发展的基础。自然界的属性和运行规律是客观的，人类对自然界的改造必须以尊重和顺应自然规律为基础，否则必然遭到自然界的惩罚和报复。自然史与人类史是有机统一的，人类文明史贯穿着人与自然关系的演进史。习近平总书记指出："历史地看，生态兴则文明兴，生态衰则文明衰。"[1]在人类历史上不乏因为生态环境破坏导致文明陨落的案例。"人类进步的一切伟大时代，是跟生存资源扩充的各时代多少直接相符合的。"[2]进入工业社会以后，人类对生态

---

[1]　中共中央文献研究室编：《习近平关于社会主义生态文明建设论述摘编》，中央文献出版社2017年版，第6页。
[2]　《马克思恩格斯全集》第四十五卷，人民出版社1985年版，第332页。

环境的破坏性影响更难以控制，1952年英国的伦敦烟雾事件、1953年日本的水俣事件、1986年苏联的切尔诺贝利核电站核泄漏事件等都是骇人听闻的。2023年8月，日本开始将福岛第一核电站核污染水排入海洋，给生态环境带来巨大的冲击。另外，资源枯竭、土地沙漠化、森林退化、环境污染、全球气候变暖等生态问题日益严重，给世界发展带来严重威胁。西方生态马克思主义揭露了人类对自然界的掠夺性开发所产生的生态后果，深刻批判了资本主义的反生态属性，并就正确处理人与自然关系的理论和实践问题做出重要探索，为破解现代生态难题提供有益借鉴。人类在反思中前进，追求人与自然和谐共生的理念更加深入人心。从"千里松林"、黄沙遮日到百万林海，一个关于人与自然关系历史变迁的故事正在上演。塞罕坝建设者树立尊重自然、顺应自然、保护自然的理念，秉承人与自然和谐发展的基本原则，最终取得了为世界所惊叹的成就。2017年，中国塞罕坝林场建设者荣获联合国环保最高荣誉——"地球卫士奖"。2021年，塞罕坝机械林场荣获联合国防治荒漠化领域最高荣誉——"土地生命奖"。塞罕坝精神继承和弘扬了人类文明的优秀成果，成为世界生态文明建设史上的先驱典范。

## 四、塞罕坝精神的时代价值

塞罕坝建设者成功营造起百万亩人工林海，创造了世界生态文明建设史上的典型，体现中国特色社会主义建设者的智慧和担当。在中华民族伟大复兴的关键时期，弘扬塞罕坝精神具有重要的时代价值。

**（一）为培育时代新人提供思想"营养剂"**

人本身是自然界长期发展的产物，人类的任何实践活动都必须以自然界为基础。"人的普遍性正是表现为这样的普遍性，它把整个自然界——首先作为人的直接的生活资料，其次作为人的生命活动的对象（材料）和工具——变成人的无机的身体。"[①]要实现人的自由全面发展，就必须正确处理人与自然的关系，科学合理地调控人与自然之间的物质变换过程。"培养社会的人的一切属性，并且把他作为具有尽可能丰富的属性和联系的人，因而具有尽可能广泛需要的人生产出来……与之相适应的是需要的一个不断扩大和日益丰富的体系。"[②]自然界以各种形式参与人类实践活动的各个过程，并以作品和现实表征劳动的结果。在中国特色社会主义新时代，虽然劳动尚未完成自由自觉的转变，物质产品也没有达到极大丰富，但是人民对自然属性和自然规律具备了比较充分的认识，改造自然的能力也获得大幅度提升。进入社会主义初级阶段的新阶段，劳动的主要目的不再是简单的谋生，而是为了更好的发展，由此推动人的主体性不断丰富和独立，为人与自然的和谐发展提供可能。塞罕坝建设者肩负起时代责任，全力提高生态服务功能，勇做忠诚干净的新时代务林人，争当生态文明建设和改革开放的"排头兵"，树立了新时代的模范标杆。弘扬塞罕坝精神与尊重劳动者的首创精神是一致的，有助于推动"人"的丰富和完善，并为推进人与自然和谐发展准备主体力量。塞罕坝建设者树立尊重自然、顺应自然和保护自然的理念，不仅是为了维护生态系统

---

① 《马克思恩格斯文集》第一卷，人民出版社2009年版，第161页。
② 《马克思恩格斯文集》第八卷，人民出版社2009年版，第90页。

的平衡稳定，而且是为了人的全面发展和社会的全面进步。弘扬塞罕坝精神，更加注重人与自然和谐共生，可以为培育时代新人提供更充足的养分。塞罕坝林场成功在高寒地区造林育林、改善生态环境，为加强全国生态文明建设发挥示范带动作用。弘扬塞罕坝精神，有利于激发广大劳动群众共同劳动、协同创新的意志，为实现中华民族伟大复兴集结智慧和力量。

### （二）为弘扬社会主义核心价值观提供重要资源

价值观作为社会意识，是社会物质生活的反映，代表了人们对社会生活的总体认识、思维方式和向往追求。核心价值观在社会思想体系中处于主导和支配地位，对社会意识具有强大的引领和整合功能，对人们认识世界和改造世界具有重要的导向作用。"每个时代都有每个时代的精神，每个时代都有每个时代的价值观念。"[①]社会主义核心价值观汲取了马克思主义理论、中国传统文化以及人类文明的积极思想因素，在特定的时代土壤中孕育生发，在中国特色社会主义实践中形成和发展，是对人民群众现实精神诉求的真切回应。"党的十八大提出，倡导富强、民主、文明、和谐，倡导自由、平等、公正、法治，倡导爱国、敬业、诚信、友善，积极培育和践行社会主义核心价值观。"[②]然而，社会主义核心价值观的培育和践行还面临着很多阻力和障碍。随着经济体制、社会结构和利益格局的深刻变化，人们的思想观念也日益多样化，既有东西方文化的交流与碰撞，又有传统文化和现代文化的分歧和交融，给社会主义意识形态建设带来较大的冲

---

① 《十八大以来重要文献选编》中，中央文献出版社 2016 年版，第 3 页。
② 《十八大以来重要文献选编》上，中央文献出版社 2014 年版，第 578 页。

击和挑战。面对新发展阶段的新风险新挑战，必须正确处理马克思主义"一元化"指导与思想文化发展多样化的关系，坚持和巩固马克思主义在意识形态领域的指导地位，建设具有强大凝聚力和引领力的社会主义意识形态，促进全体人民在理想信念、价值理念、道德观念上紧紧团结在一起。从内容上看，塞罕坝精神所蕴含的舍小家为国家的爱国主义情怀，体现了社会主义核心价值观在国家层面上的追求；塞罕坝精神强调增强法治观念和完善管理机制，坚持最严格的制度、最严密的法治建设生态文明，体现了社会主义核心价值观在社会层面上的价值追求；塞罕坝精神所蕴含的艰苦奋斗、无私奉献的敬业精神，体现了社会主义核心价值观在个人层面上的追求。从功能作用上看，塞罕坝精神为弘扬和践行社会主义核心价值观提供了重要思想资源，体现了新时代建设者的共同价值追求。弘扬塞罕坝精神，有助于引导人们坚定理想信念，加强思想道德建设，形成健康向上的社会风尚。

**（三）为谱写新时代生态文明建设新篇章提供能量与智慧**

弘扬塞罕坝精神，强调绿色发展的紧迫性和重要性，有利于调动广大人民群众建设生态文明的积极性和创造性，形成生态文明建设的整体合力。生态文明建设功在当代、利在千秋，是关系中华民族永续发展的千年大计。中国共产党是中国工人阶级的先锋队，是中国人民和中华民族的先锋队，具有高瞻远瞩的战略眼光和统揽全局的驾驭能力，能够立足广大人民群众的根本利益和长远利益来分析问题和解决问题。从植树造林、可持续发展、科学发展观到生态文明，中国共产党对环境保护的认识越来越深刻。"反复强调生态环境保护和生态文明建设，就是因为生态环境是人类生存最为基础的条件，是我国持续发展最为重要的基础。"①需要保持清醒的是，生态文明建设正进入关键期、攻坚期、窗口期三期叠加、爬坡过坎的阶段，生态文明建设的成果并不巩固，一旦出现反复则必然付出更大的代价。世界百年未有之大变局加速演进，全球经济下行压力持续加大，使得生态文明建设的内外部环境更加复杂。如果说塞罕坝林场开展林业建设的初衷是防风固沙、水土保持、为支援我国经济建设提供木材，那么今天塞罕坝林场的发展目标更高远。历经半个多世纪的发展变迁，塞罕坝林场的自然条件、生活条件都有了明显改善。毫无疑问，正是塞罕坝建设者艰苦卓绝的努力和持续性的坚守，才有了今天为世人瞩目的绿色成就。他们充分发挥主观能动性，突破了高寒、风沙、雨少等不利条件，为其他高原地区的生态文明建设提供了成功范例和教育素材。2017年8月，国家林业局作出开展向河北省塞罕坝机械林场学习活动的决定，号召在全国林业系统广泛学习塞罕坝精神，以进一步激发林业系统广大干部职工干事创业的热情，推动林业现代化建设的顺利开展。2021年，习近平总书记在考察塞罕坝机械林场时强调，要传承好塞罕坝精神，深刻理解和落实生态文明理念。大力弘扬塞罕坝精神，牢固树立绿水青山就是金山银山理念，对加快推进人与自然和谐共生现代化有着重要的激励作用和示范意义。

### （四）为推进中国式现代化贡献力量

习近平总书记在党的二十大报告中指出，中国式现代化是人口规模巨大的现代化，是全体人民共同富裕的现代化，是物质文明和精

---

① 中共中央文献研究室编：《习近平关于社会主义生态文明建设论述摘编》，中央文献出版社2017年版，第13页。

神文明相协调的现代化，是人与自然和谐共生的现代化，是走和平发展道路的现代化。建设中国式现代化，不仅要为人民群众提供充足的物质条件、自由民主的政治生活、健康的精神氛围，而且要统筹处理人口资源环境失衡、城乡发展失衡、收入差距过大等现实问题。中国共产党把将我国建设成为富强民主文明和谐美丽的社会主义现代化强国的发展目标写入党章，更加明确了中国特色社会主义建设的整体目标。"生态文明建设事关中华民族永续发展和'两个一百年'奋斗目标的实现，保护环境就是保护生产力，改善生态环境就是发展生产力，必须坚持节约优先、保护优先、自然恢复为主的基本方针，采取有力措施推动生态文明建设在重点突破中实现整体推进。"[1]中华民族正处于前所未有的历史高度，要完成全面建设社会主义现代化国家的历史任务，解决敢想而不敢做的历史难题，有很多硬骨头要啃，有很多困难需要克服，需要持之以恒的努力和投入。"要在坚持以经济建设为中心的同时，全面推进经济建设、政治建设、文化建设、社会建设、生态文明建设，促进现代化建设各个环节、各个方面协调发展，不能长的很长、短的很短。"[2]建设生态文明，可以为经济、政治、文化、社会建设提供生态前提和环境保证。弘扬塞罕坝精神，突出生态文明建设的战略意义，集中力量解决生态问题，有利于推进中国特色社会主义事业的整体进步。另外，塞罕坝建设者在长期实践中形成的牢记使命、艰苦创业、绿色发展等精神品质，具有普遍而积极

---

① 中共中央文献研究室编：《习近平关于社会主义生态文明建设论述摘编》，中央文献出版社2017年版，第9页。

② 中共中央文献研究室编：《习近平关于社会主义生态文明建设论述摘编》，中央文献出版社2017年版，第10页。

的社会意义，可以转化为强大的精神动力和智力支持。弘扬塞罕坝精神，有助于形成积极向上的社会氛围，激发全体社会劳动者的奋斗热情，促进经济社会持续健康发展。

总之，塞罕坝精神熠熠生辉，呈现了马克思主义的思想伟力，展现了中华优秀传统文化的时代魅力，彰显了中国共产党伟大精神的深远影响和时代价值，为人类文明增色添彩，是推动中国特色社会主义生态文明建设的一面鲜亮旗帜。

# 主要参考文献

1.《马克思恩格斯文集》（第一至第九卷），人民出版社2009年版。

2.《马克思恩格斯全集》第三卷，人民出版社1960年版。

3.《马克思恩格斯全集》第四十五卷，人民出版社1985年版。

4.《马克思恩格斯选集》第二卷，人民出版社1995年版。

5.《列宁全集》第五十五卷，人民出版社2017年版。

6.《毛泽东文集》第七、八卷，人民出版社1999年版。

7.《毛泽东选集》第四卷，人民出版社1991年版。

8.中共中央文献研究室、国家林业局编：《周恩来论林业》，中央文献出版社1999年版。

9.《建国以来刘少奇文稿》第三册，中央文献出版社2005年版。

10.《邓小平文选》第三卷，人民出版社1993年版。

11.江泽民：《在中央计划生育和环境保护工作座谈会上的讲话》，《中国质量》1998年第5期。

12.《习近平谈治国理政》第一、二、三、四卷，外文出版社2014年版、2017年版、2020年版、2022年版。

13.习近平：《论把握新发展阶段、贯彻新发展理念、构建新发展格局》，中央文献出版社2021年版。

14. 习近平：《论坚持人与自然和谐共生》，中央文献出版社2022年版。

15. 《习近平著作选读》第一卷、第二卷，人民出版社2023年版。

16. 《建党以来重要文献选编（1921—1949）》第十三册，中央文献出版社2011年版。

17. 《建国以来重要文献选编》第八册，中央文献出版社1994年版。

18. 《改革开放三十年重要文献选编》上、下，人民出版社2008年版。

19. 《十三大以来重要文献选编》下，人民出版社1993年版。

20. 《十五大以来重要文献选编》中，人民出版社2001年版。

21. 《十六大以来重要文献选编》上、中、下，中央文献出版社2005年版、2006年版、2008年版。

22. 《十七大以来重要文献选编》上、中、下，中央文献出版社2009年版、2011年版、2013年版。

23. 《十八大以来重要文献选编》上、中、下，中央文献出版社2014年版、2016年版、2018年版。

24. 《十九大以来重要文献选编》上、中、下，中央文献出版社2019年版、2021年版、2023年版。

25. 习近平：《在学习〈胡锦涛文选〉报告会上的讲话》，人民出版社2016年版。

26. 习近平：《决胜全面建成小康社会　夺取新时代中国特色社会

主义伟大胜利——在中国共产党第十九次全国代表大会上的报告》，人民出版社2017年版。

27. 习近平：《在中央党校2012年秋季学期开学典礼上的讲话》，《党建》2012年第10期。

28. 习近平：《在庆祝"五一"国际劳动节暨表彰全国劳动模范和先进工作者大会上的讲话》，人民出版社2015年版。

29. 习近平：《在哲学社会科学工作座谈会上的讲话》，人民出版社2016年版。

30. 习近平：《在深入推动长江经济带发展座谈会上的讲话》，人民出版社2018年版。

31. 习近平：《在中国科学院第十九次院士大会、中国工程院第十四次院士大会上的讲话》，人民出版社2018年版。

32. 习近平：《在科学家座谈会上的讲话》，《人民日报》2020年9月12日第2版。

33. 《中共中央关于坚持和完善中国特色社会主义制度推进国家治理体系和治理能力现代化若干重大问题的决定》，《人民日报》2019年11月6日第1版。

34. 习近平：《在联合国生物多样性峰会上的讲话》，《人民日报》2020年10月1日第3版。

35. 习近平：《在庆祝中国共产党成立100周年大会上的讲话》，人民出版社2021年版。

36. 习近平：《高举中国特色社会主义伟大旗帜 为全面建设社会主义现代化国家而团结奋斗——在中国共产党第二十次全国代表大会

上的报告》，《人民日报》2022年10月26日第1版。

37.《习近平在全国生态环境保护大会上强调 全面推进美丽中国建设 加快推进人与自然和谐共生的现代化》，《人民日报》2023年7月19日第1版。

38. 中共中央文献研究室编：《习近平关于全面深化改革论述摘编》，中央文献出版社2014年版。

39. 中共中央文献研究室编：《习近平关于全面建成小康社会论述摘编》，中央文献出版社2016年版。

40. 中共中央文献研究室编：《习近平关于全面从严治党论述摘编》，中央文献出版社2016年版。

41. 中共中央文献研究室编：《习近平关于科技创新论述摘编》，中央文献出版社2016年版。

42. 中共中央文献研究室编：《习近平关于社会主义生态文明建设论述摘编》，中央文献出版社2017年版。

43. 中共中央文献研究室、中央党的群众路线教育实践活动领导小组办公室编：《习近平关于党的群众路线教育活动论述摘编》，党建读物出版社、中央文献出版社2014年版。

44.《中共中央国务院印发〈生态文明体制改革总体方案〉》，人民出版社2015年版。

45.《中共中央 国务院关于加快推进生态文明建设的意见》，人民出版社2015年版。

46.《习近平在青海考察时强调 尊重自然顺应自然保护自然 坚决筑牢国家生态安全屏障》，《人民日报》2016年8月25日第1版。

47.《习近平在中共中央政治局第四十一次集体学习时强调 推动形成绿色发展方式和生活方式 为人民群众创造良好生产生活环境》，《人民日报》2017年5月28日第1版。

48.《中共中央 国务院关于全面加强生态环境保护坚决打好污染防治攻坚战的意见》，人民出版社2018年版。

49.《习近平在中共中央政治局第五次集体学习时强调 深刻感悟和把握马克思主义真理力量 谱写新时代中国特色社会主义新篇章》，《人民日报》2018年4月25日第1版。

50.《习近平在参加内蒙古代表团审议时强调 保持加强生态文明建设的战略定力 守护好祖国北疆这道亮丽风景线》，《人民日报》2019年3月6日第1版。

51. 习近平：《共谋绿色生活，共建美丽家园——在二〇一九年中国北京世界园艺博览会开幕式上的讲话》，《人民日报》2019年4月29日第2版。

52.《中共中央关于制定国民经济和社会发展第十四个五年规划和二〇三五年远景目标的建议》，《人民日报》2020年11月4日第1版。

53.《深入学习坚决贯彻党的十九届五中全会精神 确保全面建设社会主义现代化国家开好局》，《人民日报》2021年1月12日第1版。

54. 北京政法学院民法教研室编：《中华人民共和国土地法参考资料汇编》，法律出版社1957年版。

55.《中华苏维埃共和国中央政府文件选编》，《江西社会科学》1981年。

56. 向洪编著：《当代科学学辞典》，成都科技大学出版社1987

年版。

57. ［西班牙］乌纳穆诺：《生命的悲剧意识》，段继承译，上海人民出版社2019年版。

58. ［美］弗·卡特、汤姆·戴尔：《表土与人类文明》，庄崚、鱼姗玲译，中国环境科学出版社1987年版。

59.《中国农业年鉴》编辑委员会编：《中国农业年鉴1991》，农业出版社1992年版。

60. 陈平：《千里"无人区"》，中共党史出版社1992年版。

61. 刘家顺等：《分类·战略·政策：国有林场发展问题研究》，东北林业大学出版社1996年版。

62.《中国水利年鉴》编辑委员会编：《中国水利年鉴1998》，中国水利水电出版社1998年版。

63. 国家环境保护总局、中共中央文献研究室编：《新时期环境保护重要文献选编》，中国环境科学出版社、中央文献出版社2001年版。

64. 中共中央文献研究室、国家林业局编：《新时期党和国家领导人论林业与生态建设》，中央文献出版社2001年版。

65.《中共中央 国务院关于加快林业发展的决定》，《河北林业》2003年第4期。

66. 中国第一历史档案馆、承德市文物局编：《清宫热河档案2（乾隆三十一年起乾隆三十七年止）》，中国档案出版社2003年版。

67. 政协围场满族蒙古族自治县委员会编委会编：《围场文史资料（第8辑）》，2006年版。

68. 刘然：《创新实践论》，黑龙江人民出版社2010年版。

69. 杨振国主编、围场满族蒙古族自治县地方志编纂委员会编纂：《围场满族蒙古族自治县志》，辽海出版社1997年版。

70. 国务院法制办公室编：《中华人民共和国法规汇编1958-1959第4卷》，中国法制出版社2014年版。

71. 围场满族蒙古族自治县地方志编纂委员会编：《围场年鉴2010》，中国统计出版社2014年版。

72. 日本防卫厅战史室编：《华北治安战（上）》，天津市政协编译组译，天津人民出版社1982年版。

73. ［英］伊懋可：《大象的退却：一部中国环境史》，梅雪芹、毛利霞、王玉山译，江苏人民出版社2014年版。

74. 曾令锋等编著：《自然灾害学基础》，地质出版社2015年版。

75. ［美］乔尔·科威尔：《自然的敌人：资本主义的终结还是世界的毁灭？》，杨燕飞、冯春涌译，中国人民大学出版社2015年版。

76. 中共中央宣传部宣传教育局编：《河北塞罕坝林场》，学习出版社2017年版。

77. 张云飞、李娜：《开创社会主义生态文明新时代》，中国人民大学出版社2017年版。

78. ［美］艾尔弗雷德·W.克罗斯比：《哥伦布大交换：1492年以后的生物影响和文化冲击》，郑明萱译，中信出版社2018年版。

79. 高海南：《塞罕坝林场研究（1962—2017）——兼及生态环境视角》，硕士学位论文，河北师范大学2018年。

80. 冯小军、尧山壁：《绿色奇迹塞罕坝》，河北教育出版社2018

年版。

81. 朱悦俊、段宗宝：《美丽塞罕坝》，天地出版社2019年版。

82. 赵云国：《塞罕坝创业英雄谱》，河北人民出版社2019年版。

83. 《人间奇迹塞罕坝》编委会：《人间奇迹塞罕坝》，人民日报出版社2019年版。

84. 中共中央组织部组织编写：《贯彻落实习近平新时代中国特色社会主义思想在改革发展稳定中攻坚克难案例·生态文明建设》，党建读物出版社2019年版。

85. 戴建兵、姚志军主编：《塞罕坝精神》，中共党史出版社2020年版。

86. 刘燕：《新时代生态文明空间格局研究》，中国社会科学出版社2020年版。

87. 《我国六处防护林带营造获初步成就》，《科学通报》1953年第10期。

88. 《中共中央 国务院关于在全国大规模造林的指示》，《江西政报》1958年第7期。

89. 钮仲勋、浦汉昕：《清代狩猎区木兰围场的兴衰和自然资源的保护与破坏》，《自然资源》1983年第1期。

90. 《清初以来围场地区人地关系演变过程研究》，《北京大学学报》（哲学社会科学版）1998年第3期。

91. 《原党和国家领导人对水土保持工作的指示摘编》，《中国水土保持》2000年第2期。

92. 陈广庭：《近50年北京的沙尘天气及治理对策》，《中国沙漠》2001年第4期。

　　93. 邸玉梅：《塞罕坝备忘录》，《河北林业》2002年3期。

　　94. 刘东生：《中国林业六十年：历史映照未来》，《绿色中国》2009年第19期。

　　95. 刘春延：《大力发扬塞罕坝精神　争做国有林场改革发展排头兵》，《中国绿色时报》2010年7月9日第1版。

　　96. 贾治邦：《在全国林业厅局长座谈会上的讲话》，《中国林业》2010年第8期。

　　97. 张保权：《辩证看待物质和意识的相互关系——基于马克思哲学两个基本观点的阐发》，《兰州学刊》2010年第11期。

　　98. 萧凌波：《清代木兰秋狝与承德避暑活动的兴衰及其气候影响》，《地理学核心问题与主线——中国地理学会2011年学术年会暨中国科学院新疆生态与地理研究所建所五十年庆典论文摘要集》，2011年。

　　99. 宋彦文：《塞罕坝林场木材营销策略分析与未来发展趋势初探》，《河北林业科技》2011年第6期。

　　100. 杨春：《塞罕坝机械林场森林病虫害预测预报及总体防控措施》，《河北林业科技》2011年第6期。

　　101. 张希和：《塞罕坝国家森林公园旅游景区发展模式的探讨》，《河北林果研究》2012年第1期。

　　102. 孙敏茹、郭玲玲、闵学武、王金成：《塞罕坝机械林场气候因子变化与当地林业发展的关系》，《河北林业科技》2013年第5期。

　　103. 龙双红、王立军：《塞罕坝机械林场立足科学经营构筑绿色屏障》，《河北林业科技》2014年第2期。

104. 中共国家林业局党组：《一代接着一代干 终把荒山变青山——塞罕坝林场建设的经验与启示》，《求是》2017年第16期。

105. 秋石：《绿色奇迹 可贵范例——塞罕坝林场生态文明建设的启示》，《求是》2017年第17期。

106. 李青松：《塞罕坝时间》，《绿色中国》2017年第17期。

107. 李德坤、曹明：《茫茫荒原崛起绿色奇迹——塞罕坝机械林场五十余载建设发展样本意义》，《雷锋》2019年第10期。

108. 《用汗水浇灌百万亩林海——河北塞罕坝机械林场张向忠森林管护案例》，《绿色中国》2019年第22期。

109. 李晓靖：《塞罕坝林场先进事迹报告会在北京大学举行》，《河北林业》2020年第10期。

110. 林宣：《森林锐减导致六大生态危机》，《人民日报》2003年2月25日第7版。

111. 毕宪明：《木兰围场放垦与生态变迁》，《承德日报》2008年7月3日第7版。

112. 王国平、耿建扩、周洪双：《塞罕坝之歌——河北承德塞罕坝机械林场几代人 52年艰苦造林纪实》，《光明日报》2014年3月18日第1版。

113. 《坚持运用辩证唯物主义世界观方法论 提高解决我国改革发展基本问题本领》，《人民日报》2015年1月25日第1版。

114. 《习近平在中共中央政治局第二十九次集体学习时强调 大力弘扬伟大爱国主义精神 为实现中国梦提供精神支柱》，《人民日报》

2015年12月31日第1版。

115.《研究供给侧结构性改革方案、长江经济带发展规划、森林生态安全工作》，《人民日报》2016年1月27日第1版。

116.《潘文静、段丽茜、李巍：《用生命书写绿色传奇——塞罕坝机械林场三代人55年艰苦奋斗造林纪实》，《河北日报》2017年6月26日第1版。

117. 马彦铭：《塞罕坝上"一棵松"——追记塞罕坝机械林场首任党委书记王尚海》，《河北日报》2017年6月28日第1版。

118. 谭立勇等：《科学求实：从一项选苗标准到60项科研课题》，《河北经济日报》2017年7月7日第1版。

119. 庞超、赵书华、李建成：《绿水青山就是金山银山——塞罕坝机械林场生态文明建设启示录》，《河北日报》2017年8月3日第1版。

120. 武卫政、刘毅、史自强：《塞罕坝：生态文明建设范例》，《人民日报》2017年8月4日第1版。

121. 黄俊毅：《塞罕坝：高寒荒漠的绿色传奇》，《经济日报》2017年8月4日第1版。

122. 刘毅、史自强：《"塞罕坝"是怎样铸成的》，《人民日报》2017年8月5日第4版。

123. 刘亮：《致敬，塞罕坝》，《经济日报》2017年8月6日第1版。

124. 刘毅、史自强：《这片林子，就是我们的命根子》，《人民日报》2017年8月6日第5版。

125.《林三代吃苦记》，《中国青年报》2017年8月7日第1版。

126. 马彦铭：《刘海莹：绿水青山展抱负》，《河北日报》2017年8月6日第1版。

127. 李巍：《于士涛：坚守绿色的80后》，《河北日报》2017年8月10日第5版。

128.《一种精神鼓舞无数后来者》，《光明日报》2017年8月13日第5版。

129. 段丽茜：《国志锋：百万亩林海里的"啄木鸟"》，《河北日报》2017年8月21日第4版。

130. 董立龙：《55载，记录坝上这片绿——河北媒体人的塞罕坝情缘》，《河北日报》2017年8月24日第5版。

131. 蒋巍：《塞罕坝的"定海神针"》，《光明日报》2017年8月25日第15版。

132. 史自强：《汲取精神力量 践行绿色理念》，《人民日报》2017年8月26日第6版。

133. 中共河北省委理论学习中心组：《大力弘扬塞罕坝精神扎实推进生态文明建设》，《河北林业》2017年第8期。

134. 庞超：《牢记使命铸丰碑——塞罕坝精神内核解析》，《河北日报》2017年9月2日第1版。

135. 张怀琛：《艰苦创业谱壮歌——塞罕坝精神内核解析》，《河北日报》2017年9月3日第1版。

136. 潘文静：《绿色发展写范例——塞罕坝精神内核解析》，《河北日报》2017年9月9日第1版。

137.《种下绿色就能收获美丽》,《人民日报》2017年12月7日第3版。

138. 赵书华、李巍、曹智:《生态文明建设的"中国样本"》,《河北日报》2017年12月7日第6版。

139. 陈宝云、张斌:《塞罕坝林场建设者——美丽高岭上的绿色卫士》(上),《燕赵都市报》2017年12月7日第4版。

140. 陈宝云、张斌:《塞罕坝林场建设者——美丽高岭上的绿色卫士》(下),《燕赵都市报》2017年12月8日第4版。

141. 孙阁:《塞罕坝林场的三次发展变革》,《中国绿色时报》2018年9月5日第1版。

142.《庆祝改革开放40周年大会在京隆重举行》,《人民日报》2018年12月19第1版。

143. 李建成、陈宝云:《塞罕坝林场石质荒山造林成活率达99%》,《河北日报》2019年1月25日第1版。

144. 丁洪美:《森林土壤需几十年才能从火灾和皆伐中恢复》,《中国绿色时报》2019年2月13日第3版。

145.《全党必须始终不忘初心牢记使命 在新时代把党的自我革命推向深入》,《人民日报》2019年6月26日第1版。

146. 袁伟华、李建成、陈宝云:《绿地重生》,《河北日报》2019年8月15日第9版。

147.《大力学习弘扬塞罕坝精神 加快建设经济强省美丽河北——塞罕坝机械林场先进事迹报告会发言摘登》,《河北日报》2019年10月27日第4版。

148. 李自强、李巍：《绿色奇迹的密码》，《中国纪检监察报》2020年1月9日第6版。

149. 封捷然：《塞罕坝奇迹是中国共产党人的伟大创造》，《承德日报》2020年4月14日第6版。

150. 刘乐艺：《世界最大人工林是怎样炼成的？》，《人民日报海外版》2020年6月20日第3版。

151. 李建成、陈宝云：《追逐绿色梦想不停歇》，《河北日报》2020年8月15日第2版。

152.《塞罕坝机械林场里的年轻人》，《人民日报》2020年11月1日第5版。

153. 孙阁：《塞罕坝，牢记使命，书写绿色发展传奇》，新华网http://www.xinhuanet.com/politics/2018-10/01/c_1123495517.htm。

154. 王硕：《塞罕坝这片林是最好的教科书》，《人民政协报》2021年8月26日第5版。

155. 陈元秋、耿建扩：《塞罕坝：美丽高岭 绿色奇迹》，《光明日报》2021年8月29日第9版。

156. 郭峰、陈宝云、贾楠：《续写新的绿色奇迹》，《河北日报》2022年6月6日第1版。

157. 安长明：《林业发展助力乡村振兴的探索与实践——以河北省塞罕坝机械林场为例》，《河北农业大学学报》（社会科学版）2022年第6期。

158. 孙阁、侯绍强、铁铮：《安长明 统领塞罕坝二次创业》，《绿色中国》2022年第22期。

159. 张腾扬：《河北塞罕坝机械林场 科技续写绿色奇迹》，《人民日报》2022年7月7日第14版。

160. 刘倩玮：《二次创业 塞罕坝主攻森林提质可持续发展》，《中国绿色时报》2022年9月1日第3版。

161. 寇江泽、李晓晴：《中国荒漠化沙化土地面积持续减少》，《人民日报海外版》2023年1月10日第11版。

162.《掀起造林绿化热潮 绘出美丽中国的更新画卷》，《人民日报》2023年4月5日第1版。

163. 李建成、宋平：《传承好塞罕坝精神，筑牢京津生态屏障》，《河北日报》2023年5月6日第1版。

164. 刘玲玲：《2022 年化石能源占比仍高达 82%》，《中国煤炭报》2023年7月4日第7版。

165. 北京林业大学生态文明研究中心课题组：《协力前行 共绘美丽中国更新画卷——我国生态文明建设情况研究》，《光明日报》2023年7月27日第 7 版。

166. 陈二厚、张洪河：《从一棵树到一片"海"——塞罕坝生态文明建设范例启示录》，新华网http://www.xinhuanet.com//politics/2017-08/03/c_1121428270_3.htm。

167.《塞罕坝，京城绿色屏障的前世今生》，新华网http://www.xinhuanet.com/travel/2017-08/04/c_1121426164.htm。

168.《国家林业局关于开展向河北省塞罕坝机械林场学习活动的决定》，林业局网站http://www.gov.cn/xinwen/2017-08/29/content_5221145.htm。

169.《三代人的努力，联合国授予他们环保最高荣誉》，人民网http://m.people.cn/n4/2017/1206/c203-10221092.html。

170.《2022年中国国土绿化状况公报》，国家林业和草原局政府网http://www.forestry.gov.cn/c/www/zyxx/369233.jhtml。

171. "Global Report on Food Crises 2023"，https://www.fsinplatform.org/sites/default/files/resources/files/GRFC2023-hi-res.pdf。

# 后　记

　　塞罕坝意为"美丽的山岭水源之地"，历经从"千里松林"退化为荒原孤树，又从荒原孤树到百万林海的沧桑巨变，是理解人类环境变迁的一个重要样本。从一棵树到一片"海"，跨越半个多世纪的探索和追求，镌刻几代人艰苦卓绝的奋斗历程，践行绿水青山就是金山银山的发展理念，见证中国共产党人的高瞻远瞩和历史担当，展现了中华民族的精神特质和整体风貌。塞罕坝林场的辉煌历史凝结而成塞罕坝的精神气质和精神品格，塞罕坝的精神成就塞罕坝的绿色奇迹。弘扬塞罕坝精神，贯彻新发展理念，对建设人与自然和谐共生现代化具有重要意义。

　　在美丽高岭之上，不仅矗立起一座绿色丰碑，而且构筑起一方精神高地。我怀着敬仰的心情阅读每一个故事，感受塞罕坝建设者在认识自然、改造自然过程中所迸发出的智慧光芒、决心勇气和坚强力量。尽管对很多故事已经耳熟能详，但是当我走进月亮山望海楼、尚海纪念林……仍然禁不住热泪盈眶，心绪难以平静。塞罕坝的天空那样湛蓝、绿意那样浓郁、繁花那样明艳，那是一代又一代塞罕坝人用心血、汗水和生命浇灌的事业。谨以此书敬献给广大读者，希望能够阐释清楚塞罕坝精神的形成发展、核心要义和时代价值，让塞罕坝精神的基因密码、独特魅力更好地展示出来，让更多的人了解塞罕坝的故事，让更多的人学习、研究、践行塞罕坝精神。然而，由于理论基础和研究水平有限，对塞罕坝精神的诠释还存在许多不足，敬请读者批评指正。

在本书的资料搜集、提纲拟定、写作出版过程中，得到了很多领导、专家、学者以及老师的帮助和支持。中国社会科学院马克思主义研究院副院长陈志刚对本书的框架结构、书稿内容和写作风格提出了很多宝贵意见；河北省塞罕坝机械林场原党办主任赵云国同志、林场森林和草原有害生物防治检疫站副站长刘晓兰同志对资料搜集提供了大力支持；中国社会科学院马克思主义研究院副研究员田坤同志、中国社会科学院哲学研究所助理研究员方正同志为本书的顺利出版提供了有益帮助；人民日报出版社编辑老师为书稿的出版付出了大量的艰辛劳动，谨致谢忱。本书参考和借鉴了国内外学者的相关研究成果，限于篇幅仅列出主要参考文献，在此向各位专家、学者表达真挚的谢意。

刘 燕

2023年8月28日